謹以此書獻給一直支持我的爸媽
賢內助與親愛的家人們

謝謝你們給我的勇氣與鼓勵

低烹 SOUS VIDE 慢煮

60 道完美易學的低溫烹調食譜

家庭廚房也能端出專業水準的 Sous Vide 料理

積木文化

蘇彥彰

在家就可以做出餐廳等級的料理，多麼吸引人的一個想法呀！

低溫烹調雖然不是一個非常新的技術，但是因為網路的發達，所以這幾年廣為人知，不管是專業餐廳還是家庭，都掀起一陣低溫烹調的熱潮。相較於台灣餐廳，這幾年才開始大量使用，歐洲的餐廳早在二十年前就已經開始引進這項技術，2005～2007年間，我在法國學習廚藝的時候，就在很多餐廳看到低溫烹調的相關器材，甚至已經有學校開設低溫烹調的專門課程。

低溫烹調的法文是Cuisine Sous Vide，簡稱Sous Vide，台灣有人將其音譯成「舒肥」，與其用音譯詞，不如直接翻成「低溫烹調」還比較淺顯易懂。Sous Vide字面的意思是「真空狀態」，這是因為烹調前必須先把食材裝在密封袋裡，並將其內部空氣排除，使它呈現真空狀態，真空之後要立即密封，然後才進行低溫烹煮。

有些廚房工作者對於低溫烹調相當不認同，認為低溫烹調沒有技術可言，其實低溫烹調早在數百年前就已經出現，但是因為科技的進步，讓我們了解食物烹煮的真實過程，同時又能夠透過器材精準地控制烹煮的溫度，因此實用的低溫烹調才逐漸的普及化。我們應該把它視為是廚房的一項設備，就好像另一個烤箱、果汁機或是瓦斯爐，其實烤箱裡面控制溫度的元件，跟低溫烹調機裡的元件是一模一樣的，從另外一個角度來看，現在我們使用的瓦斯爐可以透過球型閥來控制瓦斯流量調整火力大小，這對二百年前只能用柴火烹煮的主廚來說可謂天方夜譚！

低溫烹調不過就是另一個廚具設備，就像電子鍋或是微波爐等，能不能做出好菜靠的不是器材的好壞，而是腦袋裡面有沒有料，能夠善用手邊設備來展現對於食物詮釋的主廚，就是一位優秀的主廚。

有些廚房工作者不喜歡低溫烹調的真正原因是：這個技術可以讓一般的廚藝愛好者在家就能做出餐廳等級的料理。這讓他們危機感大增！但也正是如此才顯得低溫烹調技術的珍貴與可愛！也許因為低溫烹調的普及，促使他們不得不逼迫自己進步，這絕對是件好事！

《料理鼠王》是部個人非常喜歡的好萊塢卡通電影，在電影中廚神Gusteau有句名言：料理非難事，只要有心，人人都可以是廚神！——這正是我寫這本書的初衷，也是我真心期盼的，我希望只要是對烹飪有興趣、有熱情的讀者，人人在家都可以像大廚般，做出餐廳等級的料理，人人都可以是廚神！

Part 1
瞭解低溫烹調

Part 2
60道食譜示範

如何進行低溫烹調

用低溫烹調做料理其實很簡單，基本上只需要四個步驟：

一、醃漬。

二、真空密封。

三、進行低溫烹煮。

四、食材表面上色（依照菜色，有些不需要）。

以下就針對這四個步驟做說明：

一、醃漬

　　一般來說醃漬就是在烹調之前利用鹽、糖與各種香料來幫助食材呈現更豐富的味道，醃漬的時間可長可短，必須依照要做的料理來決定，可以先醃漬再真空密封，也可以調味料撒完之後立刻真空密封，讓醃漬在真空袋中進行。當然也可以選擇不要醃漬，不過多次實驗結果證明，適當的醃漬會大大的增添食物的風味，所以建議讀者們不要少了醃漬這個手續。

最簡單的醃漬──鹽

　　鹽是最基本也是最重要的調味料，在我的經驗中許多吃起來平淡的料理都是因為鹽下得不夠！舉個例子來說，許多人都知道拌沙拉的油醋醬當中，油醋比例是油3醋1，但若是調好之後嘗起來覺得味道很無聊，這時候只要多下點鹽，油醋醬特有的酸甜味就出來了。

　　因為鹽的使用關係到做出來的料理是否美味，所以就算偏好簡單的味道，我還是強烈建議在低溫烹調之前用適量的鹽醃漬食材。

3：100＝3%

　　對一個有經驗的廚藝愛好者來說，鹽的使用應該是得心應手。但若是剛入門，對於鹽的用量不熟悉或是擔心下手過重，在這裡提供一個簡單的鹽水醃漬法：用**濃度3%的鹽水來醃漬肉類**！

所謂3%濃度的鹽水，就是每100ml的水中含有3g的鹽，鹽加入水裡之後，稍微攪拌讓鹽溶解即可，你可以依照所需要的水量來計算鹽的重量。以下的簡單公式可以算出所需的鹽量（這個公式的實際濃度是2.91%，可視為3%）：

公式：水量（ml）×0.03＝鹽的重量（g）

假設需要1000ml的水來調製濃度3%的鹽水：
計算法：1000×0.03＝30 → 需要30g的鹽

為什麼是3%？不是5%或是2%？這是我在經過多次實驗後，覺得這個鹹度是最多人覺得剛好的味道，這些經過3%濃度鹽水浸漬過的肉類，基本上在烹調後都不太需要再用鹽調味，當然你可以試了幾次3%濃度之後，再依照自己的喜好做些微的修正。

另外一個要注意的重點是：醃漬的水量最好與食材重量接近！例如食材重量1000g那就用1000ml左右的水來調製醃漬用水，太過或太少都不好。

3%濃度的醃漬用鹽水調法（以1000ml的水為例）：
材料：鹽30g、水750ml、冰塊250g
1、先將鹽與水混合，攪拌到鹽全部溶化，再加入冰塊，便成為3%的冰鹽水。
2、將肉類切成適當大小，放入鹽水中，確認鹽水剛好蓋過食材。
3、蓋上蓋子或是用保鮮膜包好，放入冰箱冷藏。

醃漬時間	海鮮類 20〜30分鐘	肉類 4〜12小時

　　大家一定覺得很奇怪，為什麼要加冰塊？這是因為希望醃漬用的鹽水一開始就保持低於5℃，藉由維持低溫來避免細菌的孳生。為了達到這個目的，我建議用1/4左右的冰塊代替水，但是怎麼計算要用多少冰塊呢？很簡單，在絕大部分的狀況下，1ml的水＝1g的冰塊，所以要替換250ml的水，只要用秤量出250g的冰塊就可以了囉。

使用鹽水醃漬法的好處

　　直接用鹽來醃漬食材的好處是簡單快速，但是撒在食材上的鹽量不易控制，醃漬的時間也要抓得剛剛好，除非是經驗豐富的老手，不然每次做出來可能鹹度都會不一樣。用鹽水就可以彌補這個缺點，因為鹽水的濃度就決定了口味的鹹淡，在同樣濃度的鹽水中浸漬12小時與24小時，嘗起來幾乎一樣，所以可以不用擔心醃漬的時間過久的問題。

　　另一個優點就是，透過水當媒介讓鹽分可以更深入組織，把食材醃得更完整，而且不必擔心有哪個部分沒醃到。

　　至於醃漬的時間到底要多長呢？基本原則是越大塊的肉時間要越長，但如果不是要做特殊的料理（例如熟火腿），為了鮮度考量，建議不要超過48小時！

> **請切記：不管打算醃漬多久，一定要放冰箱裡！**

　　萬萬不要以為已經用了鹽水醃漬就不會壞！不會壞的食物肯定有問題。

使用香料的祕訣──若有似無

　　用鹽來醃漬食材最簡單，但若想要賦予食物更獨特的味道，那香料自然是不二法寶。你可以在醃漬的時候加入香料，也可以在下個手續──真空密封時加入，不管用那個方法，請各位注意香料的使用量，最絕妙的香料使用是讓味道若有似無，稍縱即逝，太強烈的香料味道會搶過主材料的風采，所以使用時要注意。一般來說乾燥的香料味道會比新鮮的還強烈，用量要適度減少。

- 味道強烈的香料（使用量要少）：迷迭香、薰衣草、九層塔、黑胡椒、肉桂、丁香。
- 味道輕柔的香料（用量可以略多）：百里香、馬約蘭草、白胡椒、薄荷、甜羅勒。

香料的使用可以分成料理前使用、料理中使用與最後裝飾使用，如果你是使用新鮮的香料，建議料理前與中使用比較不適合食用的部分，例如梗或是粗的莖，這些部分在料理後會挑掉，但是所散發的香氣一樣好，至於柔軟的葉子部分當然最適合做上菜前的裝飾囉！乾燥的香料也適合使用在前兩個程序，但強烈建議不要使用在最後的裝飾，因為乾燥的香草又硬又乾，口感很差，撒在料理上完全沒有加分的作用。

二、真空密封

為什麼要把食材放進塑膠真空袋？

要解釋這個問題，得先了解平常用「熱」來烹調時，所利用的「空氣、水與油」這三種熱能傳導介質：

介質名稱	範例	優點	缺點
空氣與熱輻射	用烤箱烤麵包或炭火烤肉	最原始的加熱烹煮方式，簡單直接。視燃料特性，溫度可高達數百度。	效率低，大部分的熱能會溢散至空氣中。不容易控制溫度。
水	煮湯	容易控制溫度。熱傳導效率高。取得價格極低。	一般狀況下最高溫度只能到100度。
油	炸排骨	容易控制溫度。熱傳導效率高。油可以承受高溫，所以可用200度以上的溫度烹煮。	價格高。

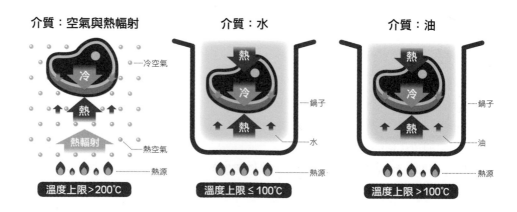

介質：空氣與熱輻射　　　　介質：水　　　　介質：油

溫度上限＞200℃　　　溫度上限≦100℃　　　溫度上限＞100℃

如果低溫烹調之前不要將食材裝入塑膠袋並抽真空，而是把食材直接放進烤箱，然後設定比較低的溫度可以嗎？答案是：不建議。因為一來低溫烹調的溫度對於一般烤箱來說太低了，大部分的烤箱可以穩定操作的最低溫是70℃（指的是一台約台幣5000元以內的烤箱，如果烤箱等級很高就另當別論），偏偏很多肉類的低溫烹調都低於60℃。二來低溫烹調的時間很長，加上空氣對於熱的傳導效率遠比水或油低很多，所以烹調時間會拉得更長，若是直接把一塊肉放在溫熱的烤箱中做低溫烹調，將會流失非常非常多水分，最後成品可能像塊肉乾！

既然直接放烤箱不可行，那可不可以直接把食材放入已經設定好溫度的水中？答案也是不行，因為食材中的許多風味是水溶性的，再加上低溫烹調需要的時間很長，所以將食材浸在水中那麼久，會使食材風味都跑到水中，最後會煮出一鍋湯，而非我們預期的狀態。

那如果把水換成油呢？這個方法可行，這個方式就是「油封」。但為什麼無法廣泛的以油做低溫烹調的介質呢？首先是，使用的油脂種類會賦予食材特殊的風味，也就是說，同一塊肉用奶油、鴨油、豬油或是橄欖油等不同的油做油封時，成品的風味都會有點不同，但這其實是件好事，因為它可創造出更多變的風格。如果你不愛這些油脂的特殊風味，也可以選擇像是大豆沙拉油或是芥花油這類幾乎沒有味道的油。

最大的問題是油的價格高，因為食材本身的液體會在低溫烹煮過程中滲出，所以用過的油不太適合多次重複使用，這下子更墊高了整個烹調成本。

所以最後還是得回到最容易取得、成本也最低、熱傳導又好的水身上。

簡單的說：在大部分的狀態下，低溫烹調需要用水來做為導熱的介質！

為了避免食材與水長時間接觸而變成一鍋湯，所以得用隔絕物把食材與水隔離，但是這個隔絕物必須：

1、防水。

2、質地軟而且可塑性高，可以符合各種不同形狀的食材。

3、不會與食材產生化學反應且耐熱。

4、價格低廉。

5、可以簡單快速的密封。

毫無疑問，能夠符合以上條件的就是塑膠製的袋子。所以低溫烹調之前我們得先把食材裝入大小合適的塑膠製材質的真空袋裡。

真空袋是塑膠製的，會不會對身體有不良影響？

現在材料科技相當進步，一般的高密度聚乙烯HDPE材質塑膠袋都可以耐熱到110℃，便宜一點的低密度聚乙烯LDPE材質也可以耐熱80～90℃，而低溫烹調的溫度大多在60～70℃左右，絕少超過90℃，遠低於上述兩種材質的耐熱上限。買的時候可以注意一下廠商的耐熱標示，然後選擇值得信賴的大廠產品，就可以把這個風險降到最低。

如何選擇真空袋？

如果已經購買了真空機，廠商自然會提供可以搭配使用的真空袋。但若沒有真空機也不用擔心，價格便宜的密封袋用起來同樣得心應手，市面上有許多知名品牌可以選擇，建議多買幾種不同的Size以適應大小不同的食材。如果可以買到有雙重夾鍊的更好，因為這個優異的設計可以大大的降低真空密封後漏氣的可能。

如果對於塑膠製的真空袋還是有疑慮，建議可以考慮矽膠材質的袋子，矽膠材質可以耐熱到260℃，但價格較高。不過矽膠袋無法使用真空機來密封，厚度也比較厚，無法做一般的真空密封，比較適合用油封的方式來做低溫烹調。

市售密封袋

真空機專用真空袋

矽膠密封袋

另外，為了讓我們居住的地球更好，請各位務必：**重複使用真空袋！**

家庭使用不比餐廳，在家中只要用過的袋子洗乾淨晾乾就可以重複使用，只要不破掉，一個袋子重複使用多次是不會有問題的。

為什麼要抽真空？

食材裝入之後的下個動作就是將袋子裡多餘的空氣排出，也就是所謂的「抽真空」。這個動作的用意是為了讓食材表面與袋子緊密接觸，這樣才能夠讓溫度快

在大部分的狀態下，低溫烹調需要先將食材放入真空袋裡做真空密封，然後還得透過水來做導熱的介質，把這句話轉換成實際操作就是**水浴加熱法**。

接下來介紹在家也可以操作的水浴加熱法！
在此之前先給大家看看這幾種方法的名稱與特點比較。

各種家庭可用的低溫烹調法特點比較

方式	價格	普及度	操作難易	優點	缺點
低溫烹調機烹調法	中等	低	低	只要設定溫度與計時即可，其他都不用管。	家用機種雖然不是很貴，但還是得花錢買。
水波爐或蒸爐烹調法	超高	低	低	只要轉到蒸煮模式，然後設定溫度與計時即可，其他都不用管。	機器價格高！
瓦斯爐加熱法	超低	超高	中	瓦斯爐家家戶戶都有，幾乎完全不花設備費用。	得人工調整火力，就算找到平衡點也得偶爾確認溫度，所以若是要做時間較長的低溫烹調會比較辛苦。
傳統烤箱烹調法	中	中等	低	只要設定溫度與計時即可，其他都不用管。	烹調溫度受限，不建議操作70℃以下的溫度。
電鍋烹調法	低	超高	低	只要插插頭、按一個按鈕及計時就可以，其他都不用做。	烹調溫度受限，大同電鍋約52℃、電子鍋約70℃。
保溫容器烹調法	低	中等	中低	煮熱水、倒熱水與計時這三個簡單的動作。	需要計算（P30有提供便於換算的網頁），操作中偶爾要確認溫度。建議保溫容器的容量至少10L以上。 ※因為沒有外來熱源，所以若是要做時間較長的低溫烹調，必須一直添加熱水補足溫度，操作上會比較麻煩。

⊗ **tips**
⋯⋯⋯⋯⋯⋯⋯⋯⋯⋯⋯⋯⋯⋯⋯⋯⋯⋯⋯⋯⋯⋯⋯⋯⋯⋯⋯⋯⋯⋯⋯⋯⋯⋯⋯⋯⋯⋯⋯
「水浴加熱法」簡單的解釋就是：將真空封裝好的食材放入一桶水中，將水加熱到預定溫度，然後保持在這個溫度一段時間，直到食材的中心溫度到達預定溫度。

① 低溫烹調機烹調法

　　低溫烹調機是一台專門為低溫烹調所設計的加熱機器，也是大部分人對低溫烹調的印象。低溫烹調機整合了溫度計、加熱器、水循環設備、精密的自動控制於一身，所以用來做低溫烹調可說兼具操作簡單與溫控準確兩大優點，只要準備一個可以裝水的容器（水浴槽），倒入適量的水後，把低溫烹調機依照原廠指示架在水浴槽上，打開開關並設定所需要的溫度與時間，等到溫度到達預定溫度之後再把真空好的食材放入即可。雖然家用的低溫烹調機很方便，但是使用時有幾點一定要注意，第一就是水位一定要依照原廠的建議，不要高過或是低於下限，不然無法使用。再來因為家用機的功

率與對水的循環效率不是很大，所以不要用大的水浴槽或是在槽中放太多食材。水浴槽太大表示得裝更多的水，所以機器得花大量的時間加熱，而且因為表面積大所以溫度容易溢散，結果就是會很耗電；而放太多食材則是會使水浴的水不容易流動，造成溫度不均勻。

◈ tips

幫水浴槽穿衣加蓋，不但溫度可以更穩定，還可以更省電喔！只要烹煮的時候在水浴槽的周圍包上一層軟質的泡棉或是大毛巾（不用黏死，用夾子、膠帶或是繩子略為固定即可），底下也墊一塊，因為泡棉或毛巾可以阻絕溫度的傳導，這樣處理之後水浴槽就會變成一個簡單的保溫箱，然後找個大小差不多的蓋子蓋著，蓋不密也沒關係，只要有蓋就可以降低熱能的溢散，我有時候就順手用保鮮膜把上面包起來，效果也蠻好的。（強力推薦用露營的保冰桶來當水浴槽，效果絕佳！）

② 水波爐或蒸爐烹調法

　　水波爐同時擁有蒸氣、微波與烤箱三種加熱模式，而蒸爐則僅具有蒸氣加熱功能。這兩個器材內部都具備了溫度計、加熱器與精密的自動控制，拜精密的自動控制器所賜，這兩種機器的溫度穩定性比傳統烤箱好，最重要的是，兩者都具備了低溫蒸煮模式，可以用來做低溫烹調。

　　用水波爐或蒸爐來做低溫烹調也是簡單的事情，只要將真空封裝好的食材放進去，設定好需要的溫度與時間，再讓機器開始動作就可以了！唯一要注意的是，這種類型的烤箱都有一個產生蒸氣的水箱，要記得確認水箱的水是充足的。不過萬一烹煮到一半水箱的水用完了也

沒關係,只要先關機,接著把水箱補滿,再重新開機設定即可,暫時中斷一下烹煮程序不會有任何影響。

做低溫烹調一定要買設備嗎?當然不一定,**接下來介紹幾種不用花錢買設備的低溫烹調法。**

③ 瓦斯爐加熱法

基本上恆溫控制的原則是:超過設定溫度就停止加熱,低於設定溫度就開啟加熱!

不管是專業廚房用的還是家庭用的低溫烹調機都是如此,所以我們只要把這些動作換成人工操作就可以不用低溫烹調機了!

操作程序

ⓐ 用一個大小合適的鍋子裝入適量的水,將鍋子放到瓦斯爐上。

ⓑ 把真空密封好的食材放到鍋中,再把溫度計或是溫度探針穩當的固定在鍋緣。

ⓒ 開大火加熱。不時觀察溫度計的顯示溫度,當溫度接近設定溫度時把火關小,以緩慢地加熱去接近設定溫度,當到達設定溫度時把火調整到最小。

ⓓ 過程中不需要蓋鍋蓋,但得時時透過觀察溫度計來調整火力,若是超過設定溫度時就把火關小;若低於設定溫度就把火開大一點,幾次來回之後,通常就能找到一個剛好可以把溫度穩定的火力,找到之後就維持這個平衡狀態,直到預計烹調的時間結束。

ⓔ 如果放入比較多袋的食材,請偶爾把底層與上層的食材交換位置,這個動作會攪動鍋子裡的水,讓整體的水溫更平均。

⊗ tips

1、在低溫烹調的過程中溫度可能會偶爾超過或不足,只要這個溫度在正負5℃內、誤差的時間不要超過10分鐘,都可以不用擔心,只要照著超過設定溫度就停止加熱,低於設定溫度就開啟加熱的標準程序操作即可。

2、要有耐性,任何對溫度的修正都要一點時間運作,不可能火力一轉大就立刻升溫,也不可能一關火就立刻降溫。萬一溫度真的超過太多,可以加點冷水下去,這樣就可以快速降溫,當然溫度降太低時也可以加入適量的熱水來立刻提高溫度。

3、因為要守在爐子邊,除非有時間,不然不建議用此法做時間太長的低溫烹調。

④ 傳統烤箱烹調法

普通的烤箱除了某些燉煮類的菜色，其實不是那麼適合用來做低溫烹調，但若配合水浴這個技巧就可以，唯一的限制是食材所需要的溫度必須不低於70℃！

操作程序

ⓐ 烤箱先設定到所需要的溫度，同時開機預熱至少20分鐘。

ⓑ 預熱的同時將適量的水倒入鍋子中，然後用瓦斯爐火加熱到目標溫度。

ⓒ 將真空封裝好的食材放入鍋中，再蓋上鍋蓋，放入烤箱，維持烤箱運行直到預計的烹調時間結束。

這個方式其實就跟瓦斯爐加熱法一樣，只是烤箱的溫控裝置取代自己調整火力而已。如果懶得先用瓦斯爐加熱，也可以省略步驟b，直接把水與真空密封好的食材一起放入鍋中，並

加上蓋子放入烤箱加熱即可，只是這樣得把水熱起來的時間算進去，因為烤箱的加熱效率遠低於瓦斯爐，所以水熱的時間會長很多，烹調的時間就得重新估算。

⊗ tips

1、不要相信家中烤箱上的溫度標示，除非是昂貴的專業烤箱，不然當烤箱溫度設定在200℃時，烤箱內部很可能不到200℃，傳統烤箱因為是機械控溫，加上保溫設計不佳，所以設定溫度與實際溫度會有差，最好的方法是買一個烤箱溫度計放在烤箱內，這樣才能校正誤差。

2、如果烤箱比較高階，可以操作的溫度是從50℃開始，那適用的低溫烹調範圍就會廣得多，通常這類烤箱會有數位螢幕方便操作設定，即使如此還是建議放個烤箱溫度計以便確認。

⑤ 電鍋烹調法

每個人家中都有電鍋，我們可以用電鍋的保溫功能做低溫烹調的工具，當然，因為電鍋保溫溫度是被設定好的，所以只能做某些特定溫度的低溫烹調。在台灣一般家庭的電鍋不是大同電鍋就是電子鍋，兩者差異就是大同電鍋有內鍋與外鍋而電子鍋不分內外鍋。如果你家是大同電鍋，使用外鍋即可；若是電子鍋，則一定要用電子鍋附的內鍋。

電鍋可以做低溫烹調的原因是有保溫功能，電子鍋的保溫溫度大約68~72℃左右，大同電鍋則是50~52℃左右。不管是電子鍋還是大同電鍋，本體都是雙層的，所以本身就是一個溫度溢散不多的保溫箱，使用起來相對省能源。

不過因為保溫溫度是原廠設定好的，所以除

非拆機器換零件，不然沒辦法做更改。換句話說，只能烹調溫度適合的料理。以電子鍋來說，就只能做類似油封鴨腿、培根、雞胸捲等溫度在72℃左右的菜色；而大同電鍋則只適合做溫度設定在52℃左右的菜色。

操作程序

ⓐ 電鍋內倒入適量、已經到達設定溫度的熱水，再把已經真空封裝好的食材放進去。也可以直接用冷水開始，但若是用冷水的話烹煮時間要加長。

ⓑ 把電鍋的電源打開，設定到保溫模式。大同電鍋只要插電就是保溫模式了，電子鍋也只要按下保溫的按鈕即可。

ⓒ 電鍋的蓋子蓋上進行烹煮，直到設定的時間結束。

⊗ tips

1、建議在烹調過程中還是用溫度計監控，如果溫度容易過高就不要蓋鍋蓋，反之則蓋上鍋蓋或半蓋。

2、因為每台電鍋都有些許的差異，用電鍋做低溫烹調前還是測量一下自己家中電鍋的保溫溫度比較好。

⑥ 保溫容器烹調法

　　這是最省能源的方式，除了一開始之外，其餘過程中完全不用任何的加熱器材。要用這個方法必須有個保溫效果很好的容器，例如悶燒鍋、釣魚用保冰桶，在台灣甚至可以使用茶飲店裝熱飲的保溫茶桶。基本上就是把煮好的熱水倒入保溫容器，然後把真空封裝好的食材放進去，再把容器的蓋子蓋緊即可！

　　保溫容器烹調法的原理是，利用水本身的熱容量使食材達到設定的溫度，換句話說就是熱水把熱量傳給食材，食材的溫度就會因為接收熱量而逐步升高，水的溫度則會漸漸降低。

　　雖說操作方法很簡單，但是得計算要加幾度的水進去。

計算公式：

$$M \times C \times (T_1 - T_2) = L \times (T_X - T_1)$$

M：食材重量（單位g）

C：食材比熱（每種食材都不同，請查附錄【常見食材比熱表】）

T_1：預計烹調溫度

T_2：食材的初始溫度

L：預定倒入容器的水量（自己設定，建議至少要是烹調材料重量的8倍以上，單位ml）

T_X：倒入保溫容器的熱水溫度（這個烹調法最重要的數字）

這個算式可以變成：

$$T_X = T_1 + (M \times C \times (T_1 - T_2)) / L$$

範例

　　假設有2塊300g已經撒了調味料，並且與香

料一起真空封裝好的梅花豬排，也放在冰箱醃了1天。因為豬排的最佳低溫烹調溫度是59℃，所以就以59℃作為烹調的目標溫度，而預計倒入保溫箱的水是5000ml，烹調時間是70分鐘。那我們到底要把水加熱到幾度才能夠達到目標溫度呢？

對照上方的公式，每個英文字的對應數值如下：

M＝600（2塊豬排的總重量）

C＝0.59（查書末比熱表）

T1＝59（預計烹調溫度）

T2＝5（剛從冰箱拿出來，通常是5℃）

L＝5000（預定倒入容器的水量）

代入公式：

$$TX=59+〔600×0.59×（59-5）〕／5000$$
$$=62.8232$$

換句話說，這5公升的水要先加熱到63℃左右，然後倒入已經放了豬排的悶燒鍋或是保溫容器，蓋上蓋子讓豬排與水進行熱交換，70分鐘之後打開蓋子就完成了低溫烹調的程序。

為了使用方便，我們製作了一個網頁，只要依照指示輸入各項數據，就會算出倒入保溫容器的熱水溫度。

網頁連結如下：

https://goo.gl/eduWzA

也可以直接使用QR Code

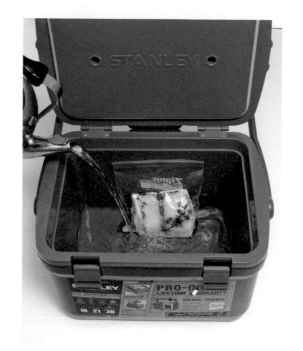

⊛ tips

1、因為悶燒鍋或是保冰桶本身會消耗一些溫度，在烹煮的過程中溫度也會慢慢的溢散，所以建議設定的烹調溫度要比食材最佳低溫烹調溫度再高3～5℃。

2、這個烹調法運用的是物質之間的熱交換最後達到熱平衡的原理，雖然最終都會達到目標溫度，但還是不建議熱水溫度太高，以免食材的外層過熟，建議熱水溫度不要超過目標溫度5℃，若是計算出來超過5℃，那就請增加水量後重新計算，務必讓兩者溫差在5℃以內。

3、使用的保溫容器盡可能大一些，不然會沒辦法烹調量比較大或是體積比較大的食材，建議至少要10L以上。使用的水量也是愈多愈好。

4、因為熱量還是會一直散失，所以不建議用這個方式作超過2小時以上的低溫烹調，如果真的要做那就放溫度計監控，只要水溫度低於目標溫度就加入一些100℃的熱水，將水溫拉回到目標溫度即可。100℃的水加進去後要稍微攪拌，讓整體水溫均勻。

5、每台冰箱的冷藏溫度都不一樣，計算前請確認！

四、出餐前表面上色

　　低溫烹調的程序完成了，燉煮類的菜就可以直接上桌，若非燉煮類的就要多一道「表面上色」的手續才會更美味！這個程序通常是用很高的溫度讓食物表面產生梅納反應，梅納反應會讓食物表面呈現漂亮的金黃色或是更深一點的褐色，透過高溫也會賦予食物更多的香氣，漂亮的顏色與香氣會讓人還沒吃到就被吸引！古人形容食物好吃是：色香味俱全。顏色與香氣放在最前面，可見這兩個元素的重要性。

　　表面上色有很多種方式，大火快煎、炭火炙烤、高溫油炸都可以，就看你想要呈現什麼樣的風味，還有你的廚房有什麼器具。一般來說煎烤是最常用的技巧，厚底的平底鍋或是鑄鐵烤盤都是好選擇。若希望賦予食物一點原始的炭烤風味，那就得用明火炙燒，炭火、噴火槍、甚至瓦斯烤爐都是好選擇。進行這個步驟前，記得把食材表面擦乾。

　　如果沒有進行表面上色可以吃嗎？當然可以，只是賣相不好就是了！所以強烈建議一定要進行這個程序。

大火快煎

噴火槍炙燒

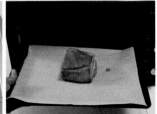
烤箱烘烤

⬡ tips

1、因為家裡不是專業廚房，所有低溫烹調過的食物不建議一次做過多的量，最好是當次立刻享用完畢，免得衍生出食品衛生的問題。

2、燉煮類的菜若需要過幾天才享用，低烹完成後就要趕快冷卻，避免食物壞掉，而冷卻最快的方式就是直接放入冰水中，而且至少要在冰水裡浸泡30分鐘，等到食材徹底冷卻之後就可以放入冰箱冷藏。吃之前放進鍋子復熱就可以，但請務必在一周內食用完畢。

3、若是擔心自己表面上色的技巧不佳，可能讓食物過熟，可以在低烹結束後將食物（不拆開袋子）放入冷水冷卻約5分鐘後再進行上色的程序。

本書食譜使用方式

接下來要進入本書的食譜部分,在此之前提醒幾項要點:

❶ 可做低溫烹調的方式有好幾種,只要操作得當,烹調出來的成果是一模一樣的,沒有一定非哪種方式不可。每個食譜上方都有一個低溫烹調方式的表格,該食譜所使用的操作示範方式會以有顏色的底顯示。

❷ 低溫烹調法中最合適的會在表格下方打○,完全不能使用的打×,可以使用,但是不那麼適合的打△,請依照自己想要的方式選擇。

❸ 烹調溫度可以稍加調整。因為器材之間本來就有差異性,所以如果覺得照表操課出來的結果太生,那就提高1~2度;太熟就降低1~2度。多試幾次就會找到最喜歡的溫度。

❹ 除了海鮮,其他食材的烹調時間都可以比食譜上的長,但不建議比食譜上的短,不然可能會有不熟的狀況發生!

❺ 食材是料理美味的基石,請使用能夠取得最優質、最新鮮的食材。請用最嚴苛的衛生標準來購買與處理食材。

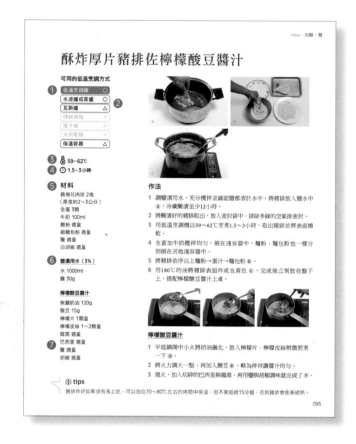

❻ 食譜中有些香料或是食材可能手邊剛好沒有,請不要被這種蒜皮小事阻止了下廚的樂趣;沒有新鮮的用乾燥的;沒有乾燥的用味道相近的;萬一真的都沒有就忘了它。(只要不是最重要的食材就好)

❼ 由於每個人對於鹹甜濃淡的喜好不同,所以味道可以調整,請自行斟酌調味料的用量。

⊛ tips

● 食譜中的每道菜都做過很多回,大部分已經(或曾經)是我在餐廳MENU上的菜,所以操作數據與方法是沒有問題的。

● 低溫烹調既簡單、成功率又高,請放手去做,你不會失敗的!

Part 2

60道
食譜示範

Recipe Demonstration

海鮮類・禽類・肉類・蔬果甜點類

8

SEAFOOD
海鮮類

· 大蒜油封海鱺佐蘑菇白酒醬汁 · 辣味奶油蝦
· 涼拌油漬花枝 · 溺斃的章魚佐鷹嘴豆泥 · 輕煎香料旗魚佐甜椒醬汁
· 醋漬海鮮沙拉 · 香煎鬼頭刀佐地中海風味醬汁 · 培根蛋黃花枝麵

同樣的作法可以把海鱺換成大比目魚、
鮭魚或是任何肉質細緻的海魚。

大蒜油封海鱺佐蘑菇白酒醬汁

可用的低溫烹調方式

低溫烹調機	○
水波爐或蒸爐	○
瓦斯爐	○
傳統烤箱	✕
電子鍋	✕
大同電鍋	○
保溫容器	○

🌡 48～52℃

🕐 40～60分鐘

材料

海鱺魚排（3～5公分厚） 1塊
Extra Virgin橄欖油 100ml
蒜仁 3～5瓣
新鮮百里香 1～2束
Paprika紅椒粉 適量

蘑菇白酒醬汁

紅蔥頭 4～6顆
蘑菇 150g
無鹽奶油 40g
不甜的白酒 350ml
鮮奶油 200ml
巴西里 適量
海鹽 適量
白胡椒 適量

✳ **tips**
如果要追求餐廳級的高質感，醬汁可在倒入鮮奶油之前先過濾一次，讓醬汁變得更細滑。

作法

1 海鱺魚排洗淨擦乾，與蒜仁、百里香一起放入密封袋，倒入 Extra Virgin橄欖油，排出袋子內多餘的空氣並密封 a 。

2 將海鱺魚排放入大同電鍋，再加入48～52℃熱水，以保溫模式烹煮40～60分鐘 b 。

3 取出海鱺魚排，用噴火槍在魚排每個表面快速炙燒，只要略有焦痕並散發出香氣即可 c 。

4 擺盤，淋上蘑菇白酒醬汁，並撒一點Paprika紅椒粉提味即可。

蘑菇白酒醬汁

1 紅蔥頭切碎；蘑菇切丁，一起下鍋用奶油炒香 d 。

2 加入白酒，煮滾後以小火略微收汁 e 。

3 倒入鮮奶油，煮滾後關小火 f 。

4 用海鹽與白胡椒調味，食用前加入切碎的巴西里即可。

我個人喜歡多放點大蒜，若覺得奶油太厚重，
可以用Extra Virgin橄欖油代替。

辣味奶油蝦

可用的低溫烹調方式

低溫烹調機	○
水波爐或蒸爐	○
瓦斯爐	○
傳統烤箱	○
電子鍋	○
大同電鍋	×
保溫容器	○

🌡 54~68℃

🕐 25~50分鐘

材料

蝦子 12隻

無鹽奶油 200g

辣椒 2根（辣度可自行斟酌）

蒜仁 4瓣

辣油 適量

巴西里碎 適量

鹽 適量

白胡椒 適量

鹽漬用水（5%）

水 225ml

冰塊 75g

鹽 15g

作法

1 調鹽漬用水，請確認鹽都溶化了。蝦子剝殼、去泥腸後浸在 5%的冰鹽水30分鐘 a 。

2 蒜仁與辣椒切片。如果不要太辣可把辣椒籽去掉。

3 把蝦子瀝乾，與奶油、大蒜片和辣椒片一起放入密封袋，並排出多餘的空氣 b ，再放入電子鍋的內鍋中，倒入54～68℃的熱水，以保溫模式烹煮25～50分鐘 c 。

4 將奶油濾除，煮好的蝦子放在盤子上，用鹽與白胡椒調味，最後撒上切碎的巴西里，再淋點辣油裝飾即可。

⬡ **tips**

• 海鮮肉質嫩、水分多，千萬不要烹調太久，不然蝦子會縮水喔！

• 密封袋內剩下的湯汁可以用果汁機打成泥當醬汁或沾麵包吃。

• 烹調溫度越高時間要越短，反之則可以長一些。

涼拌油漬花枝

這道菜非常適合炎炎夏日享用，
用低溫烹調的好處是花枝不會捲起來，所以整體搭配特別漂亮。

可用的低溫烹調方式

低溫烹調機	○
水波爐或蒸爐	○
瓦斯爐	○
傳統烤箱	✕
電子鍋	✕
大同電鍋	✕
保溫容器	○

🌡 65℃
🕐 45～90分鐘

材料

花枝 1隻
小黃瓜 1根
紫洋蔥 1/2顆
蒜仁 2～3瓣
紅蔥頭 1～2顆
辣椒 1～2根
柳橙 1顆

檸檬油醋醬汁

Extra Virgin橄欖油 60ml
檸檬汁 20ml
魚露 5ml
檸檬皮絲 1顆量
鹽 適量
糖 適量
白胡椒 適量

作法

1　花枝洗淨，分開頭尾，去除硬骨與不要的內臟，皮剝掉再將身體切開 ⓐ。

2　處理好的花枝、一半分量的辣椒與蒜仁一起放入密封袋，再倒點橄欖油（分量外），排出多餘的空氣後密封 ⓑ。

3　用低溫烹調機以65℃烹煮45〜90分鐘。完成後連同真空袋立刻放入冰水冷卻。

4　小黃瓜刨成薄片後切成長條狀 ⓒ；柳橙去皮取肉 ⓓ；紫洋蔥切絲後泡水；紅蔥頭、剩餘的大蒜切碎；剩餘的辣椒去籽切丁。

5　把冷卻的花枝取出，切成長條狀或塊狀。

6　把所有的材料混合，盛盤，淋上檸檬油醋醬汁就可以上桌囉！

檸檬油醋醬汁

把醬汁的所有材料放入鋼盆，攪拌到乳化，然後用調味料調整到喜歡的味道即可 ⓔ。

義大利人為料理命名都很有幽默感（或説是無厘頭），
但是美味好吃實在是沒話説！這是我跟J Ping的chef王嘉平偷學的，
也是去他的餐廳必點的一道菜！

醋漬海鮮沙拉

材料

生食級大干貝 4顆
生魚片等級旗魚肉 150g
蝦仁 100g
黃色與紅色聖女番茄共 100g
紫洋蔥 1/2顆
蒜仁 2瓣
紅蔥頭 4顆
檸檬汁 30ml
檸檬皮絲 1～2顆量
辣椒 1根
Extra Virgin橄欖油 90ml
香菜 適量
Tabasco辣椒醬 適量
鹽 適量
胡椒 適量

作法

1 聖女番茄對半切；紫洋蔥切丁；蒜仁與紅蔥頭切碎；辣椒去籽切片、香菜洗淨略切 a 。

2 把大干貝與旗魚切成1.5公分立方；蝦仁燙熟冰鎮備用。

3 所有材料放到鋼盆中 b ，混合均勻 c 後放冰箱醃漬10～15分鐘。

4 用Tabasco、鹽與胡椒調味 d 。

5 裝盤，趁冰涼時享用。

⊛ tips

● 海鮮之所以會熟是因為醬汁中的檸檬汁。

● 海鮮材料可依方便取得做變化，只要新鮮、安全即可。

● 1/3的檸檬汁可用同屬柑橘類的葡萄柚汁、柳丁汁、金桔汁等取代，創造不同的風味。

鬼頭刀魚是盛產於台灣東部的大型魚類，因為長得快，
產量又大，是值得推廣的海鮮。鬼頭刀的肉質緊緻，煎烤炸都合適。
這道菜的靈魂是醬汁，誰說簡單好做的醬汁不會令人驚艷呢！

10

POULTRY

禽類

這是法國非常傳統的肥肝做法，食譜來自法國名廚Alain Ducasse，
也是我最喜歡的肥肝法式凍配方。

傳統肥肝法式凍

可用的低溫烹調方式

低溫烹調機	○
水波爐或蒸爐	○
瓦斯爐	○
傳統烤箱	○
電子鍋	○
大同電鍋	✕
保溫容器	○

🌡 60~70℃
🕐 15~20分鐘

材料

肥鴨肝 1副（約500g）
白波特酒 25ml
法國白蘭地 25ml
鹽 6g
白胡椒 1.5g
鴨油 150ml

⬡ tips

- 因為油脂含量高，所以處理肥肝要在溫度低的地方，而且動作要快，不然手的溫度很容易使肥肝融化。
- 肥肝搭配海鹽與黑胡椒一起吃就很棒，也可搭配水果類的甜醬汁或是陳年巴薩米克醋。
- 冷藏可保存7～10天，而且會越來越好吃。
- 剩下的鴨肝油可冷凍保存，或是取代薯泥的奶油（作法請見145頁），變成風味絕佳的肥肝風味薯泥。

作法

1 將肥鴨肝置於乾淨的淺盤中，用手指輕輕的將鴨肝撥開，取出裡面大根的血管與筋膜 ⓐ。取血管與筋膜的過程要小心，不要把肝剝得太碎，要盡可能保持肝的完整。

2 將處理好的肥鴨肝均勻的淋上醃漬用的波特酒、白蘭地與鹽、胡椒 ⓑ。完成之後蓋上保鮮膜放入冰箱冷藏醃漬24小時。

3 將醃漬好的肥鴨肝放入密封袋中，再放入鴨油 ⓒ，排出多餘空氣後密封。

4 放入電子鍋中，倒入60～70℃熱水，以保溫模式烹調15～20分鐘 ⓓ。

5 完成後取出肥鴨肝放到法式凍的模子中 ⓔ，稍微放冷後在表面鋪一層保鮮膜，然後壓上約1公斤的重物 ⓕ，一起放入冰箱冷藏1晚，讓肥鴨肝可以緊實成形。

6 密封袋中剩下的鴨肝油倒出來冷藏保存備用。

7 將重物與保鮮膜取下，再將之前留下的鴨肝油加熱融化倒入模子中 ⓖ，然後再蓋上保鮮膜放回冰箱冷藏。

8 放置3天後即可脫模享用。脫模與切片時用熱的刀子會比較好操作。

雞肝慕斯非常適合當麵包抹醬或是冷盤配菜，
最重要的是材料價格便宜卻好吃的不得了，你一定得試試。

波特酒風味雞肝慕斯

可用的低溫烹調方式

低溫烹調機	○
水波爐或蒸爐	○
瓦斯爐	○
傳統烤箱	○
電子鍋	○
大同電鍋	×
保溫容器	○

🌡 68~72℃

🕐 40~80分鐘

材料

雞肝 200g

無鹽奶油 100g

白蘭地 10ml

波特酒 20ml

蒜仁 1瓣

紅蔥頭 2顆

月桂葉 適量

百里香 適量

鹽 4g

白胡椒 1g

無鹽奶油 20~30g（封口用）

作法

1 雞肝挑掉筋膜 ⓐ；奶油平分成兩份，每份50g；蒜仁與紅蔥頭切碎。

2 將雞肝、一份的奶油與其他所有材料（鹽、胡椒除外）一起放入密封袋 ⓑ，排出多餘的空氣後密封。

3 電子鍋開啟保溫模式，倒入68~72℃的熱水，放入雞肝烹調40~80分鐘 ⓒ。

4 挑除月桂葉與百里香，將烹調完成的雞肝與袋子內的材料一起放入食物調理機。再把剩下的50g奶油也加進去，以高速將所有材料打成細滑的泥狀 ⓓ。

5 用鹽與胡椒調味後把雞肝泥倒入容器中 ⓔ，放至室溫後，再倒進淺淺一層加熱融化的奶油（奶油凝固後會變成保護膜）ⓕ。

6 蓋上保鮮膜，放入冰箱保存，放幾天會更好吃。食用時直接挖取抹在麵包上就可以囉。

🔷 tips

雞肝可以用鴨肝代替；
也可用豬油代替奶油。

這道料理是知名作家蔡珠兒教我的，
我只是把傳統作法的水煮改成真空低溫烹調而已

花椒鹽水鴨

可用的低溫烹調方式

低溫烹調機	○
水波爐或蒸爐	○
瓦斯爐	△
傳統烤箱	○
電子鍋	×
大同電鍋	×
保溫容器	△

🌡 68~70℃

🕐 2~3小時

材料

櫻桃鴨 1隻（去頭去腳）

醃料

大紅袍花椒 30g
海鹽 15g
月桂葉 3～5片

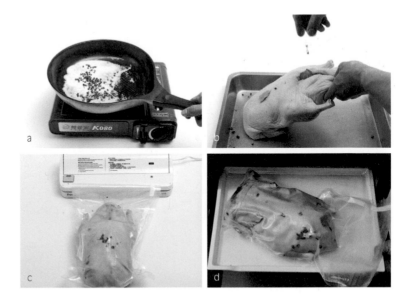

作法

1 先炒花椒鹽：平底鍋加熱，將海鹽與大紅袍花椒一起放入 a，用中小火炒到花椒的香味出現，放冷備用。

2 將櫻桃鴨表面洗淨，擦乾，在鴨子內外均勻撒上花椒鹽與月桂葉 b，把露出來的骨頭部分用鋁箔包住再放入真空袋，排除多餘空氣後密封 c，冷藏醃漬5～7天。

3 將醃好的鴨子取出，洗淨擦乾；真空袋也洗乾淨，再把鴨子放回真空袋中，排除多餘空氣後密封。

4 將鴨子用水波爐或蒸爐以68～70℃烹煮2～3小時 d，完成之後連同真空袋放入冰水中急速冷卻，再放進冰箱冷藏至少1天。

5 將入味的花椒鹽水鴨取出，切片上桌享用。

❄ tips

• 取完肉剩下的鴨骨架不要丟掉，可以熬湯或粥。
• 真空程度要適宜不要太高，不然鴨子表面會有很多皺褶，這樣就不美了。
• 鴨子因為比較大隻，市售夾鍊袋可能會裝不下，建議用家用真空機真空密封。

醉雞腿最重要的就是最後與湯汁一起浸漬冷藏，
少了這道程序就不會有充足的酒味，所以千萬不要省這道工喔！

醉雞腿

可用的低溫烹調方式

低溫烹調機	○
水波爐或蒸爐	○
瓦斯爐	△
傳統烤箱	○
電子鍋	○
大同電鍋	✕
保溫容器	△

🌡 68~75℃

🕐 25~50分鐘

材料

去骨雞腿 2隻
枸杞 適量
紹興酒 適量
雞高湯 100ml
鹽 適量
白胡椒 適量

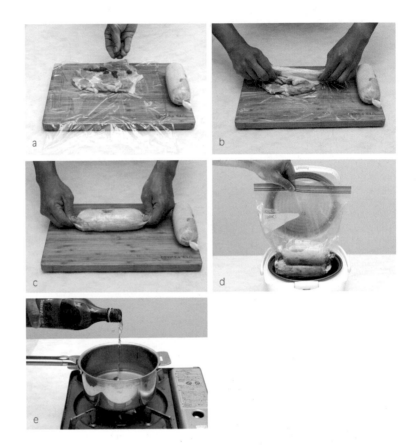

作法

1 去骨雞腿洗淨，撒上適量的鹽與白胡椒調味。

2 雞腿皮面朝下，放在保鮮膜上，雞肉中間放一些枸杞 ⓐ。

3 用保鮮膜把雞腿像捲壽司一樣捲起來 ⓑ，捲好後兩側再像糖果一樣捲緊打結 ⓒ。

4 捲好的雞腿放入密封袋，排除多餘空氣後密封。

5 放入加了68～75℃熱水的電子鍋中，用保溫模式烹煮25～50分鐘 ⓓ。

6 取出雞腿冷藏備用。

7 袋子裡的湯汁倒入鍋中，加入雞高湯、適量紹興酒與枸杞一起煮開 ⓔ，放涼後冷藏。

8 拆掉包覆在雞腿外面的保鮮膜，放到作法7的湯汁中冷藏浸泡2天。

9 取出雞腿，切片淋汁就可以享用了。

傳統的台菜也可以用低溫烹調來做，主要的程序都在低溫烹調就完成了，
最後的醬油、米酒只是上色，這樣就不怕工夫不好把肉燒柴了！

三杯雞

可用的低溫烹調方式

低溫烹調機	○
水波爐或蒸爐	○
瓦斯爐	△
傳統烤箱	○
電子鍋	○
大同電鍋	×
保溫容器	△

🌡 68~72℃

🕐 2~3小時

材料

雞腿切塊 500~600g
薑片 適量
麻油 80ml
蒜仁 8~10瓣
醬油 50ml
米酒 50ml
糖 30g
水 80ml
九層塔 適量

鹽漬用水（3%）

水 1000ml
鹽 30g

作法

1 調鹽漬用水，請確認鹽都溶化了。把切成大塊的雞腿肉放進去，冷藏醃漬1晚。

2 冷鍋小火加熱麻油，同時加入薑片與蒜仁，把薑與蒜仁的香味煸出來後熄火 ⓐ，放冷備用。

3 取出醃漬好的雞腿肉放入密封袋，再把放冷的薑片、麻油與蒜仁放進去，排出多餘的空氣後密封。

4 放入電子鍋中，倒入68~72℃的熱水，用保溫模式烹煮2~3小時 ⓑ。完成後連同真空袋立刻放入冰水中冷卻。

5 厚鍋燒熱，先把米酒、醬油、糖、水一起倒入大火煮滾，再把已經低溫烹調完成的雞腿肉、麻油、蒜仁與薑片一起倒進去 ⓒ。

6 湯汁沸騰後再大火燒3~5分鐘，加入九層塔，蓋上鍋蓋並熄火，悶3分鐘就可以上桌了！

⊗ tips

雞腿可用帶皮雞胸代替，但是因為雞胸容易柴，所以要注意最後燒的時間，千萬別過頭了！

這是一道很法國西南區的菜色。油封鴨胗與油封鴨腿系出同門，
搭著同是南法口味的普羅旺斯燉蔬菜，當然一定合拍囉！

燉蔬菜佐油封鴨胗與半熟蛋

可用的低溫烹調方式

低溫烹調機	○
水波爐或蒸爐	○
瓦斯爐	△
傳統烤箱	○
電子鍋	○
大同電鍋	✕
保溫容器	△

🌡 70~75℃

🕐 5~7小時

材料

鴨胗 1kg

鴨油（或是其他的油，但是鴨油味道最好）

普羅旺斯燉蔬菜（請參考151頁）

蘑菇 100g

蒜碎 2瓣

全蛋 2顆

麵包粉 適量

Parmigiano起司 適量

煙燻辣椒粉 適量

鹽漬用水（4.5%~5.5%）

水 1000ml

海鹽 45~55g

百里香 2束

月桂葉 3~4片

黑胡椒粒 5g

a

b

作法

1 調鹽漬用水的所有材料，充分攪拌並確認鹽都溶於水裡。

2 將鴨胗放入鹽水中 a，冷藏醃漬至少12小時。

3 將醃漬好的鴨胗取出，擦乾表面再放入電子鍋內鍋中，注入剛好淹過鴨胗的鴨油 b。

4 以電子鍋的保溫模式烹調5~7小時。

5 完成油封的鴨胗放涼後可以連鴨油放入冰箱保存。

6 食用前將所需要的鴨胗取出，用鴨油稍微煎上色，保溫備用。

7 蘑菇與蒜碎稍微炒一下，加入燉蔬菜一起加熱後放入烤皿。

8 在燉蔬菜表面撒上一層麵包粉，把雞蛋打在上面，接著磨點Parmigiano起司在表面，放進烤箱用200℃烤6~8分鐘 c。

9 出爐後把煎好的油封鴨胗放在燉蔬菜上，撒點煙燻辣椒粉即可享用。

⬡ **tips**

買不到鴨胗想用雞胗代替？當然沒問題！手邊剛好有一些鴨心或是雞心也想一起油封？放手去做吧！菜的變化有時候就是材料之間的代換而已。

這是美國名廚Thomas Keller在他的家常菜餐廳Ad Hoc的炸雞腿配方，
我覺得炸起來非常好吃。一般人在家很難掌握油炸的時間，所以就把它改成低溫烹調
版本，只要看到雞腿表面金黃酥脆就可以起鍋了！

脆皮炸雞腿

可用的低溫烹調方式

低溫烹調機	○
水波爐或蒸爐	○
瓦斯爐	△
傳統烤箱	○
電子鍋	○
大同電鍋	×
保溫容器	△

🌡 65~72℃

🕐 2~3小時

材料

棒棒腿 6隻
油炸用油 適量

鹽漬用水（3%）

水 2000ml
鹽 60g

粉漿

牛奶 150ml
檸檬汁 30ml
烏斯特醬 10ml

脆皮粉料

中筋麵粉 400g
玉米澱粉 140g
白胡椒 適量
Paprika辣椒粉 適量
鹽 適量

作法

1 調鹽漬用水，攪拌均勻後把雞腿放進去，冷藏醃漬6小時。
2 醃好的雞肉取出放入密封袋，排出多餘的空氣後密封。
3 電子鍋加入65～72℃的水，再放入雞肉，以保溫模式烹煮2～3小時 ⓐ。
4 將雞腿取出，先沾上粉漿，再裹上脆皮粉料 ⓑ，完成之後雞腿放入冰箱冷藏15分鐘。
5 輕輕的將裹好粉的雞腿放入180℃的炸油裡 ⓒ，當雞腿外皮呈金黃色即完成 ⓓ。

粉漿

將所有的材料混合，靜置15～20分鐘就可以用了。

脆皮粉料

將所有的材料混合均勻即可。

✸ tips

• 若油炸的鍋子不大，油量不夠多請分次炸。
• 粉漿中的牛奶與檸檬汁可用牛奶與不甜的優格以1：1混合替代，這樣就不用等15分鐘，可以立刻使用。

在法國料理中，鴨胸的重要性可是大大的高於牛排，
好的鴨胸料理要皮脆肉嫩，煎好的鴨胸切面若沒有呈現漂亮的粉紅色，
可是會被打槍的！低溫烹調對付這種問題可說是易如反掌呀！

煎鴨胸佐辣味巧克力醬汁

可用的低溫烹調方式

低溫烹調機	○
水波爐或蒸爐	○
瓦斯爐	○
傳統烤箱	×
電子鍋	×
大同電鍋	○
保溫容器	○

🌡 48~52℃

🕐 20~40分鐘

材料

高品質的生鴨胸 2塊
葡萄乾 適量
杏桃乾（切丁） 適量
白蘭地 適量
鹽、黑胡椒 適量

鹽漬用水（3%）

水 700ml
鹽 21g

辣味巧克力醬

芒果泥 200g
白蘭地 60ml
Cayenne辣椒粉 4g
紅蔥頭 3顆
紅酒 20ml
雞高湯 80ml
黑巧克力（70%以上） 40g
紅綠辣椒 各1根
沙拉油 適量
鹽、糖、胡椒 適量

⊛ tips

煎鴨胸剩下的鴨油可以拿來炒菜，不要丟棄了。

作法

1 鴨胸修除筋膜與多餘的皮，然後在鴨皮表面用刀子切出淺淺的菱形紋 ⓐ；葡萄乾與杏桃乾用白蘭地泡軟 ⓑ。

2 調鹽漬用水，確認所有的鹽都溶於水中，將整理好的鴨胸放入冷藏醃漬1晚。

3 取出醃漬好的鴨胸，放入密封袋後排出多餘的空氣並密封。

4 大同電鍋加入48～52℃的熱水，以保溫模式烹煮20～40分鐘 ⓒ，完成後取出冰鎮5分鐘後再煎。

5 煎鴨胸時不用放油，只要將鴨胸表面擦乾，把鍋子燒熱了之後皮面朝下下鍋 ⓓ，用中大火煎到鴨皮與表面金黃酥脆即可 ⓔ。煎好後蓋上鋁箔紙保溫備用。

6 裝盤，淋醬汁，表面撒點鹽與黑胡椒，旁邊用浸漬好的果乾與切片的紅綠辣椒裝飾就可以了。

辣味巧克力醬

1 紅蔥頭與巧克力切碎；辣椒去籽切片 ⓕ。

2 先用油炒香紅蔥頭碎、辣椒片與Cayenne辣椒粉，再倒入白蘭地刮底取色，接下來依序加入紅酒、雞高湯與芒果泥 ⓖ，煮滾了之後開小火縮汁，再過濾 ⓗ。

3 把黑巧克力加入醬汁中，充分攪拌讓巧克力完全融化，最後再依喜好調味即可。

如果敏銳度夠就會發現這道料理跟中式的醉雞腿有點像，只是一中一西、
一個冷食一個熱食而已。中外料理人的思考模式有時候是很相似的。

香煎培根雞胸捲佐芥末風味醬汁

可用的低溫烹調方式

低溫烹調機	○
水波爐或蒸爐	○
瓦斯爐	○
傳統烤箱	○
電子鍋	○
大同電鍋	✕
保溫容器	○

🌡 68～75℃

🕐 30～50分鐘

材料

清雞胸肉 3塊
薄片培根 12～15片
油封番茄 適量（請參考153頁）
火腿丁 適量
巴西里 適量
細香蔥 適量

鹽漬用水（3%）

水 1000ml、鹽 30g

芥末風味醬汁

紅蔥頭 5～8瓣
蒜仁 5瓣
白酒 40ml
雞高湯 70ml
鮮奶油 100ml
無鹽奶油 20g
芥末籽醬 10g
細香蔥 適量
糖、鹽、胡椒 適量

⬡ **tips**

培根雞肉捲裡面包的餡料是可以發揮想像力的地方！但盡可能以容易熟或是已經熟的材料為佳，不然就得增加低溫烹調的時間。

作法

1. 調鹽漬用水，放入雞胸冷藏醃漬1晚。
2. 油封番茄切丁；巴西里切碎；醃漬好的雞胸用刀背或是肉槌稍微拍開 a。
3. 保鮮膜攤開，把4～5片薄片培根互疊排在保鮮膜上，再把雞胸放在培根上。
4. 在雞胸的一端放適量的油封番茄丁與火腿丁，撒一點巴西里後 b 用保鮮膜把培根連雞胸一起捲起來，形狀就像粗的雪茄，捲緊後兩邊綁好固定，免得鬆開 c。
5. 把捲好的雞胸捲放入密封袋，排除多餘空氣後密封。
6. 瓦斯爐上煮水，當溫度到達70℃的時候把雞胸捲放進去，調整火力讓溫度維持在68～75℃之間。烹煮時間30～50分鐘左右 d。
7. 取出烹調好的雞胸捲，撕開保鮮膜，用牙籤固定培根後再用平底鍋把表面煎上色 e。蓋上鋁箔紙，放在溫暖的地方靜置10分鐘。
8. 擺盤，淋上醬汁，並撒點切碎的細香蔥當裝飾。

芥末風味醬汁

1. 紅蔥頭與蒜仁切片，用奶油炒香 f。
2. 倒入白酒取色，白酒煮剩下一半後加入高湯、鮮奶油、芥末籽醬 g。
3. 煮滾後關小火，稍微收汁後以攪拌器打到醬汁細滑 h，再用鹽、糖與白胡椒調味，加入切碎的細香蔥即可。

這是最知名的南法菜之一，也有人因為音譯而稱之為「功夫鴨腿」，
是古早時期低溫烹調的代表，光是這點就得對他致敬再三。

法式油封鴨腿

可用的低溫烹調方式

低溫烹調機	○
水波爐或蒸爐	○
瓦斯爐	△
傳統烤箱	○
電子鍋	○
大同電鍋	×
保溫容器	△

🌡 70~75℃

🕐 8~12小時

材料

鴨腿 5隻
鴨油（或其他種類的油，
但是鴨油味道最好）

鹽漬用水（4.5%～5.5%）

水 1000ml
海鹽 45g～55g
百里香 2束
月桂葉 3～4片
黑胡椒粒 5g

作法

1 調鹽漬用水的所有材料，要確保鹽都溶於水裡。

2 將鴨腿放入鹽水中 ⓐ，冷藏醃漬至少12小時。

3 將醃漬好的鴨腿取出，擦乾表面再放入鍋中，加入剛好淹過鴨腿的鴨油。

4 將烤箱調到70～75℃，放入鴨腿烹調8～12小時 ⓑ。

5 完成油封的鴨腿放涼，可連同鴨油一起放入冰箱保存。

6 食用前將鴨腿取出，連鴨油一起加熱，讓鴨油保持在60℃即可。

7 180℃油炸2分鐘，或是用平底鍋將鴨腿表面煎上色 ⓒ，或用噴火槍將鴨腿表面炙燒上色即可上桌。

⬡ tips

鴨油是從鴨皮提煉出來的，鴨皮買回來洗淨後，放到鍋中用中小火煮，直到鴨皮縮到很小再關火，這樣就可以煉出鴨油了。煉好的鴨油可以冷藏保存半年。鴨油除了油封之外，拿來炒菜或是炸薯條都會香得讓人口水直流。

17

MEAT

肉類・豬

·煙燻培根· 自製熟火腿· 白汁豬肉· 慢火橙汁烤肋排· 厚片豬排
·鹽漬煙燻豬腹肉佐蒜味蔬菜· 日式叉燒· 超簡單烤豬肩肉佐金黃辣味醬汁
·酥炸厚片豬排佐檸檬酸豆醬汁· 手撕豬肉佐酒醋番茄醬汁
·戰斧豬排佐芥末焦糖蘋果· 烤豬腹肉佐焦糖味噌醬汁· 阿爾薩斯水煮豬腳
·培根白豆豬腳· 花生燉豬腳· 四神湯· 巴斯克風味油封豬肩肉

培根是個老少咸宜的萬用食材，
使用方法也變化無窮，任何菜加了培根都有畫龍點睛之妙。
照這個食譜做出來的培根是我餐廳的銷售冠軍，也是最多學生想學的料理！

煙燻培根

可用的低溫烹調方式

低溫烹調機	○
水波爐或蒸爐	○
瓦斯爐	△
傳統烤箱	○
電子鍋	○
大同電鍋	×
保溫容器	△

🌡 68~75℃

🕐 3~5小時

材料

去皮豬五花肉 1kg

醃料（每公斤肉的用量）

鹽 19g
糖 6g
黑胡椒 2g
月桂葉 數片
粉紅鹽（亞硝酸鹽）0.5g（可省略）

煙燻材料

黑糖 50g
木屑 50g
碎的紅茶葉 25g
（可用茶包內的茶葉）

⬡ **tips**

• 萬一時間很趕，煙燻前沒有風乾也沒關係，但是一定要擦乾表面。

• 木屑請使用煙燻專用木屑，如果沒有，僅使用黑糖與茶葉即可。

作法

1　先把去皮豬五花肉切或寬度約5公分的長條。

2　將所有醃料混合，再把醃料均勻地塗抹在豬肉上 a，豬肉放入密封袋，擠去多餘的空氣後密封。放入冰箱冷藏醃漬5~7天。

3　醃漬好的豬肉從密封袋取出，將表面洗淨後再用紙巾或是乾淨的布擦乾，再放入冰箱冷藏風乾1小時。

4　拿一個大小適當的鍋子，底下鋪一層鋁箔紙，把煙燻材料均勻混合之後平鋪在鋁箔紙上 b。

5　在鍋子中放上煙燻架，把豬肉的油脂面朝上平鋪在煙燻架上 c。完成後蓋上鍋蓋。

6　先開大火，等到煙冒出後再轉成中火，整個煙燻過程大約10~15分鐘，過程中都要有煙，若沒有煙要將爐火轉大。熄火之後不掀鍋蓋靜置5分鐘。

7　取出煙燻完成的豬肉，放入已經預熱好的烤箱，用200℃烤10分鐘讓表面上色 d。

8　把烤好的豬肉放冷，再放入密封袋，排出多餘的空氣後密封。

9　用低溫烹調機以68~75℃烹煮3~5小時 e，完成後就是煙燻培根了！

這麼說吧,吃過自製火腿就不會想
要買外面奇奇怪怪的熟火腿了,
這樣有沒有讓你動心加動手呀?

自製熟火腿

可用的低溫烹調方式

低溫烹調機	○
水波爐或蒸爐	○
瓦斯爐	△
傳統烤箱	○
電子鍋	○
大同電鍋	✕
保溫容器	△

🌡 68～75℃

🕐 3～5小時

材料

豬前腿或後腿肉 1kg

鹽漬用水（10%）

水 1000ml

海鹽 100g

粉紅鹽 1g

黑胡椒粒 5g

丁香 2～3顆

杜松子 3g

月桂葉 3～4片

作法

1 調鹽漬用水，攪拌均勻確認鹽完全溶化。

2 將豬肉切成想要的大小，放入鹽漬用水中 a，冷藏醃漬7～10天。

3 醃漬好的豬肉取出，分別放入密封袋中，排出多餘的空氣後密封 b。

4 電子鍋加入68～75℃的水後放入豬肉，用保溫模式烹煮3～5小時 c。

5 將烹調完成的火腿立刻放入冰水中冰鎮降溫，然後進冰箱冷藏。

6 食用時直接從冰箱取出切片即可。

⊗ **tips**

可以把豬腿肉換成其他部位，只要是瘦肉比例高的部位即可，如梅花、胛心、里肌，做出來的火腿質感會有些不同，但是一樣好吃喔。

這是祖母級的法國傳統菜Blanquette de veau（白汁小牛肉）的豬肉版，
會這樣修改一來是台灣不容易買到小牛肉，二來是小牛肉質感跟豬肉有點類似。
不管小牛肉還是豬肉，這都是一道濃郁又好吃的燉肉料理，最後加入的檸檬汁有點
像是魷魚羹加烏醋，讓整道菜都清爽了起來，所以千萬別忘了喔！

白汁豬肉

可用的低溫烹調方式

低溫烹調機	○
水波爐或蒸爐	○
瓦斯爐	△
傳統烤箱	○
電子鍋	×
大同電鍋	×
保溫容器	△

🌡 83~85℃

🕐 3~5小時

材料

豬梅花肉 1kg
紅蘿蔔 1根
洋蔥 1顆
西洋芹 1根
蒜仁 4~6瓣
蛋黃 4顆
檸檬汁 適量
雞高湯（或水）2000ml
鹽、白胡椒 適量

香料束

百里香 1~2束
月桂葉 2~3片
巴西里 2束
蒜苗 1支

貝夏美醬

麵粉 60g
無鹽奶油 60g
牛奶 500ml

作法

1 梅花肉切成適當大小 (a)；紅蘿蔔切滾刀塊；西洋芹切段、洋蔥一開四；香料束材料用棉線綁成一束。

2 梅花肉放入大鍋中，加入剛好蓋過的冷水 (b)，煮滾後熄火，撈出梅花肉洗淨浮渣。

3 把洗乾淨的梅花肉、紅蘿蔔、洋蔥、西洋芹、蒜仁、香料束、雞高湯一起放入密封袋裡，排出多餘的空氣後密封 (c)。

4 用低溫烹調機以83~85℃烹調3~5小時。

5 把烹調完畢的材料與湯汁倒入大鍋，用小火保溫，然後取出適量的湯與適量的貝夏美醬混合均勻再倒回鍋中，攪拌均勻後用鹽與胡椒調味。

6 開大火加熱湯汁，煮滾立刻熄火，把蛋黃打勻後倒入攪拌均勻，最後再倒入適量的檸檬汁提味即可。

貝夏美醬

1 用中火將奶油融化，再倒入麵粉炒約3~5分鐘 (d)，不要炒上色。

2 分次倒入牛奶 (e)，每一次都要攪拌均勻再倒，煮到糊狀即可 (f)。

3 放冷後蓋上保鮮膜，置於冰箱保存。

⊗ **tips**

貝夏美醬就是俗稱的白醬，這類可以讓湯汁變稠的醬汁記得一定要「完全冷卻」才能與熱湯混合，不然無法發揮增稠的效果。

烤肋排是很典型的美式食物,每家烤肉店都有獨
門祕方。傳統作法是在炭火邊低溫烤一整晚,過
程中要不斷地翻面與刷上醬汁,最後達到骨肉幾
乎分離、肉嫩而不柴的完美狀態,借助低溫烹調
不難做出接近這種風格的肋排。

慢火橙汁烤肋排

可用的低溫烹調方式

低溫烹調機	○
水波爐或蒸爐	○
瓦斯爐	△
傳統烤箱	○
電子鍋	○
大同電鍋	×
保溫容器	△

🌡 72~80℃

🕐 8~12小時

材料

豬肋排 1Kg
洋蔥丁 1顆
嫩薑片 10g
香茅片 1~2根
柳橙 1顆（取皮絲、擠汁）
去皮整粒罐頭番茄 200g
番茄糊 50g
烏斯特醬 50ml
楓糖漿或蜂蜜 50ml
威士忌或白蘭地 50ml
Extra Virgin橄欖油 100ml
辣椒 1根
蒜仁 5~8瓣
水 500ml
鹽 適量
黑胡椒 適量

a

b

c

作法

1 洋蔥丁、嫩薑片、香茅片、蒜仁、柳橙汁、柳橙皮絲、去皮罐頭番茄、番茄糊、辣椒、烏斯特醬、楓糖漿、威士忌及橄欖油放進食物調理機打成泥狀醬料 a，然後與水混合均勻，用鹽與胡椒調味備用。

2 豬肋排骨頭部分先用鋁箔紙包好，避免刺破袋子。再與適量的作法1醬料一起放入密封袋 b，排出多餘的空氣後密封，放入冰箱醃漬1晚。

3 用低溫烹調機以72~80℃烹調8~12小時。

4 將烹調好的豬肋排取出放在烤盤上，袋子裡的醬料全部倒出來塗抹在肋排表面。

5 送入200~220℃烤箱烘烤 c，每10分鐘取出烤盤，將豬肋排翻面同時把盤底的醬汁再淋到肋排上，確認豬肋排兩面都有醬料包覆。

6 重複上面的動作直至肋排表面呈漂亮金黃色就完成了（視烤箱大小與功率，大約30分鐘左右）。

7 將烤好的肋排分切，淋上烤盤底剩下的醬汁就可以上桌了！

⊛ tips

烤盤底的醬汁如果太濃稠可以加水調整濃度。

許多人對於豬排的壞印象來自又柴又乾的夜市豬排，過熟的豬排可說是味如嚼蠟。但這道豬排做出來保證粉嫩多汁，但得先提醒：豬排切面的粉紅色是火候完美的代表，不要誤認是豬肉沒熟！

厚片豬排

可用的低溫烹調方式

低溫烹調機	○
水波爐或蒸爐	○
瓦斯爐	○
傳統烤箱	✕
電子鍋	✕
大同電鍋	✕
保溫容器	○

🌡 58~60℃

🕐 1~1.5小時

材料

梅花豬排（厚度3〜5公分） 2片
芥末籽醬 1小匙
鹽 適量
黑胡椒 適量

作法

1 將豬排表面撒上適量的鹽與黑胡椒 ⓐ 放入密封袋，排出多餘的空氣後密封。放入冰箱冷藏醃漬1晚。

2 決定使用的水量並用公式計算熱水溫度，然後將水加熱到所需溫度。

3 把密封豬排從冰箱取出，放入保溫容器，倒入熱水後蓋上蓋子烹調1〜1.5小時 ⓑ。

4 取出低溫烹調好的豬排，擦乾表面，用平底鍋將豬排表面煎上色 ⓒ。

5 煎好的豬排用鋁箔紙蓋起來，放在溫暖的地方保溫，靜置10〜15分鐘。

6 裝盤，旁邊放1小匙的芥末籽醬，然後撒點鹽與黑胡椒即可。

⬡ tips

做出完美豬排與牛排的重點都是肉要夠厚，厚度薄於3公分的肉容易在煎的時候過熟，所以請務必使用夠厚的肉。

我愛料理豬甚於牛，而豬肉中又特別喜歡豬腹肉（其實就是五花肉啦！）充足的油脂讓豬腹肉口感特別濕潤飽滿，這道料理是我的最愛之一，在餐廳推出時也深受許多老饕喜愛。

鹽漬煙燻豬腹肉佐蒜味蔬菜

可用的低溫烹調方式

低溫烹調機	◯
水波爐或蒸爐	◯
瓦斯爐	△
傳統烤箱	◯
電子鍋	◯
大同電鍋	✕
保溫容器	△

🌡 68~75℃

🕐 3~5小時

材料

帶皮豬五花肉 1kg
鴨油 150g
青花筍 適量
蘆筍 適量
蒜碎 2~3瓣
紅蔥頭碎 2~3顆
紅椒粉 適量

醃料（每公斤肉的用量）

鹽 19g
糖 6g
黑胡椒 2g
月桂葉 2~3片
粉紅鹽（亞硝酸鹽）0.5g（可省略）

煙燻材料

黑糖 50g
木屑 50g
碎的紅茶葉 25g

作法

1　醃料混合均勻後塗抹在豬五花肉的表面 ⓐ，完成後放入密封袋，排出多餘的空氣後密封，放入冰箱冷藏醃漬3~5天。

2　取出醃漬好的豬五花肉，表面洗淨後再用紙巾或乾淨的布擦乾，再將豬五花肉放入冰箱冷藏風乾1小時。

3　取一個大小適當的鍋子，底下鋪一層鋁箔紙，把煙燻材料均勻混合後平鋪在鋁箔紙上。

4　在鍋中放上煙燻架，把豬肉的油脂面朝上平鋪在煙燻架上 ⓑ。蓋上鍋蓋。

5　先開大火，煙冒出後再轉成中火，整個煙燻過程大約15分鐘，過程中要有煙，若沒有煙可將爐火轉大。熄火後不掀鍋蓋靜置5分鐘。

6　煙燻完成的豬五花肉放冷，放入密封袋，再加入鴨油 ⓒ，排出多餘的空氣後密封。

7　放入電子鍋用68~75℃的熱水烹煮3~5小時 ⓓ。

8　取出豬五花肉，用烤箱以200℃烤15分鐘 ⓔ。完成後蓋上鋁箔紙保溫備用。同時把配菜用的青花筍、蘆筍削去粗皮。

9　把密封袋裡剩下的鴨油倒入燒得很熱的平底鍋，再把處理好的蔬菜、蒜碎、紅蔥頭碎放入平底鍋炒到熟。

10　取出豬五花肉，可以整塊上，亦可切成薄片，把蒜味蔬菜放在豬肉旁邊，再撒點紅椒粉即可。

日式的叉燒與中式的滷肉其實很類似，
當然每個日本店家都有獨家祕方，
這道食譜是我的簡易不失敗版。

日式叉燒

可用的低溫烹調方式

低溫烹調機	○
水波爐或蒸爐	○
瓦斯爐	△
傳統烤箱	○
電子鍋	○
大同電鍋	×
保溫容器	△

🌡 68~75℃

🕐 3~5小時

材料

豬胛心肉 1kg
醬油 200ml
清酒 80ml
味醂 100ml
水 1000ml
青蔥 2支
嫩薑片 1小塊
蒜仁 4~5瓣
冰糖 15g

作法

1 胛心肉用棉線綁好定型 a。
2 用油把肉的表面煎上色 b。
3 青蔥切段，與其他所有材料一起放入鍋子煮滾。
4 把煎好的豬肉也放進鍋子中。
5 蓋上鍋蓋之後，放入已經預熱好的烤箱，用68~75℃烹煮3~5小時 c。
6 完成後整鍋放冷，再放入冰箱冷藏。
7 食用時取出豬肉直接切片即可。

⊛ tips

• 醬汁可以重複使用1~2次，也可以拿來做滷蛋。
• 肉的部位可以照自己的喜好使用，例如去皮五花或是梅花都很棒。

大塊烤肉總是令人興奮，尤其是切開的那一刹那更是如此，
這是一道很適合露營的菜色，因為完全不用擔心有沒有烤熟，
只要烤到表面上色就迷死一堆人了呀！

超簡單烤豬肩肉佐金黃辣味醬汁

可用的低溫烹調方式

低溫烹調機	○
水波爐或蒸爐	○
瓦斯爐	△
傳統烤箱	✕
電子鍋	✕
大同電鍋	✕
保溫容器	△

🌡 59~62℃

🕐 5~7小時

材料

豬梅花肉 1kg

醃料

蒜末 15g
百里香 1~2束
洋香菜 1束
月桂葉 2~3片
黑胡椒 5g
鹽 10g

金黃辣味醬汁

南瓜 50g
紅蘿蔔 50g
蒜仁 40g
白酒醋 80ml
辣椒油 15ml
豆腐乳 25g
香油 40ml
匈牙利紅椒粉 5g
黃芥末醬 15g
糖 50g

🌀 **tips**

如果金黃辣味醬汁沒有用
完，拿來做泡菜也很棒喔！

作法

1 醃料混合，塗抹在豬肉上，塗抹時順便幫肉按摩一下讓味道更深入 a。

2 豬肉放入密封袋，並排出多餘的空氣 b。再放入冰箱醃漬至少1晚。

3 把醃好的豬肉用低溫烹調機以59~62℃烹煮5~7小時 c。

4 將烹煮好的豬肉取出，表面的醃料清除並擦乾後，用平底鍋將表面煎上色 d 或是用炭火把豬肉表面烤上色即可。

5 上色完成的豬肉蓋上鋁箔紙，放在溫暖的地方靜置15分鐘，讓受熱緊繃的豬肉鬆弛。

6 豬肉切片裝盤，金黃辣味醬汁另外盛裝放在旁邊，上桌享用。

金黃辣味醬汁

1 南瓜、紅蘿蔔削皮後切滾刀塊，用水煮軟，蒜仁最後5分鐘再倒入鍋中一起煮 e。

2 煮好的作法1與其他材料混合，用食物攪拌機或果汁機打成泥 f。

3 若醬汁太濃稠可加點熱水調整濃度，辣味鹹度也可依口味調整。

4 若做的量比較多，可真空封裝後冷藏保存1周。

油炸的食物總是能夠撫慰人心，
這道炸豬排只要專注在豬排炸的顏色而不用擔心熟度，
讓你輕易炸出專業水準的豬排！

酥炸厚片豬排佐檸檬酸豆醬汁

可用的低溫烹調方式

低溫烹調機	○
水波爐或蒸爐	○
瓦斯爐	△
傳統烤箱	×
電子鍋	×
大同電鍋	×
保溫容器	△

🌡 59~62℃

🕐 1.5~3小時

a

b

c

材料

豬梅花肉排 2塊
（厚度約2～3公分）
全蛋 3顆
牛奶 100ml
麵粉 適量
細麵包粉 適量
鹽 適量
白胡椒 適量

鹽漬用水（3%）

水 1000ml
鹽 30g

檸檬酸豆醬汁

無鹽奶油 120g
酸豆 15g
檸檬片 1顆量
檸檬皮絲 1～2顆量
龍蒿 適量
巴西里 適量
鹽 適量
胡椒 適量

作法

1 調鹽漬用水，充分攪拌並確認鹽都溶於水中。將豬排放入鹽水中 a，冷藏醃漬至少12小時。

2 將醃漬好的豬排取出，放入密封袋中，排除多餘的空氣後密封。

3 用低溫烹調機以59～62℃烹煮1.5～3小時，取出豬排並將表面擦乾。

4 全蛋加牛奶攪拌均勻，倒在淺容器中，麵粉、麵包粉也一樣分別倒在其他淺容器中。

5 將豬排依序沾上麵粉→蛋汁→麵包粉 b。

6 用180℃的油將豬排表面炸成金黃色 c，完成後立刻放在盤子上，搭配檸檬酸豆醬汁上桌。

d

e

f

檸檬酸豆醬汁

1 平底鍋開中小火將奶油融化，放入檸檬片、檸檬皮絲稍微煎煮一下 d。

2 將火力調大一點，再加入酸豆 e，略為拌炒讓醬汁均勻。

3 熄火，加入切碎的巴西里與龍蒿，再用鹽與胡椒調味就完成了 f。

 tips

豬排炸好如果沒有馬上吃，可以放在70～80℃左右的烤箱中保溫，但不要超過15分鐘，否則豬排會逐漸過熟。

對於這道冷吃、熱食都很讚的豬肉料理，
我只能說：好吃到下巴都要掉下來！
麵包、白飯、饅頭請都備齊吧！

手撕豬肉佐酒醋番茄醬汁

可用的低溫烹調方式

低溫烹調機	○
水波爐或蒸爐	○
瓦斯爐	△
傳統烤箱	○
電子鍋	○
大同電鍋	✕
保溫容器	△

🌡 70~78℃

🕐 10~16小時

材料

豬梅花肉或胛心肉 1kg
百里香 1束
月桂葉 2片
蒜仁 4瓣
黑胡椒 5g
西班牙煙燻辣椒粉 5g
沙拉油 40ml
海鹽 7g
砂糖 5g

酒醋番茄醬汁

白酒醋或雪莉酒醋 70ml
番茄醬 70g
番茄糊 15g
嫩薑泥 5g
柳橙汁 80ml
柳橙皮絲 1~2顆量
蜂蜜或是楓糖漿 30~40ml
辣油 適量
黑胡椒 適量
鹽 適量
糖 適量

a b c d

作法

1 把所有的材料抹在豬肉表面 a，再一起放入密封袋，排出多餘的空氣後密封。放入冰箱冷藏醃漬1晚。

2 電子鍋中倒入適量的水，用保溫模式讓溫度升到70~78℃（或直接加入熱水）。

3 把醃漬好的豬肉放入電子鍋，以保溫模式烹調10~16小時 b。

4 取出豬肉，稍微放冷後，用手把豬肉撕成絲狀 c。

5 搭配酒醋番茄醬汁享用。

酒醋番茄醬汁

1 所有的材料放入鍋中煮開，攪拌均勻。

2 用調味料調出自己喜歡的味道即可 d。

⬡ **tips**

這道菜很適合搭配麵包與醃菜，只要夾上麵包就可以輕易變成好吃的漢堡三明治，搭配三明治的生菜可以自由發揮創意！

戰斧豬排佐芥末焦糖蘋果

戰斧豬排光聽名字就很威，不過這塊肉屬於油脂含量極少的里肌，
所以很容易太柴，但利用低溫烹調的特性就可以避免這個問題。

可用的低溫烹調方式

低溫烹調機	○
水波爐或蒸爐	○
瓦斯爐	○
傳統烤箱	×
電子鍋	×
大同電鍋	○
保溫容器	○

🌡 54~56℃
🕐 30~50分鐘

材料

戰斧豬排 2隻
黑胡椒 適量
Extra Virgin橄欖油 適量

鹽漬用水（3%）

水 1000ml
鹽 30g

芥末焦糖蘋果

蘋果 2顆
砂糖 60g
檸檬汁 15ml
無鹽奶油 30g
芥末籽醬 15g
鹽 3g

作法

1 調鹽漬用水，確認鹽都溶解於水中。戰斧豬排用肉槌敲軟 ⓐ，放進鹽漬用水中，冷藏醃漬1晚。

2 取出醃漬完成的戰斧豬排，骨頭部分用鋁箔紙包好 ⓑ，免得刺破密封袋。再把豬排放入密封袋，倒入適量的Extra Virgin橄欖油與黑胡椒，排除多餘的空氣後密封。

3 先決定水量，再用本書提供的公式或程式計算出水溫，烹煮30～50分鐘 ⓒ，完成後取出擦乾表面水分，再用烤盤將表面煎上色 ⓓ，完成後蓋上鋁箔紙保溫備用。

4 裝盤，佐以芥末焦糖蘋果享用。

芥末焦糖蘋果

1 蘋果削皮去核，每顆切成6～8片 ⓔ；奶油切塊備用。

2 砂糖放入鍋中，用中火把糖煮到焦糖化，小心不要煮太焦，不然會有苦味。

3 無鹽奶油放入作法2的鍋中，搖晃鍋子讓奶油融化 ⓕ，再把蘋果與檸檬汁一起放進鍋子 ⓖ，大火煮滾後轉成小火煮7～10分鐘。

4 離火，加入芥末籽醬與鹽，混合均勻後即完成。

⊗ tips

煮焦糖時不用加水，直接將砂糖倒入鍋中，煮的時候可以搖晃鍋子，但千萬不要攪拌。全程要緊盯，若有部分快燒焦時，鍋子請先離火降溫。

融合了東方與西方元素，酸鹹中帶甜的焦糖味噌醬汁非常好吃，
不僅僅適合這道菜，也適合其他的肉類與蔬菜。

烤豬腹肉佐焦糖味噌醬汁

可用的低溫烹調方式

低溫烹調機	○
水波爐或蒸爐	○
瓦斯爐	△
傳統烤箱	○
電子鍋	○
大同電鍋	×
保溫容器	△

🌡 68～75℃

🕐 3～5小時

材料

去皮豬五花肉 1kg
洋蔥 1顆
蒜仁 2～3瓣
鹽 10g
柳橙皮絲 2顆量
黑胡椒粒 5g
月桂葉 2～3片
香菜 少許

焦糖味噌醬

味噌 30g
糖 50g
鮮奶油 50ml
奶油 15g
雞高湯 100ml
醬油 10ml
紅酒醋 45ml
蒜碎 2瓣
紅蔥頭碎 2顆

作法

1 洋蔥切絲；蒜仁拍碎。

2 洋蔥絲下鍋炒到稍微上色 ⓐ，再把除了五花肉之外的材料放進鍋中拌炒，放涼備用。

3 把豬五花與作法2的材料放入密封袋 ⓑ，排除多餘的空氣後密封。

4 用低溫烹調機以68～75℃的溫度烹煮3～5小時，完成後再用200℃烤箱烤15分鐘，讓豬肉表面上色。

5 盛盤並淋上醬汁就完成了，豬肉上可以撒點香菜做裝飾。

焦糖味噌醬

1 糖放入鍋中，用中小火煮成焦糖 ⓒ，小心不要燒焦！然後再把鮮奶油倒進去，小心糖會噴濺！

2 把剩下的所有材料一起放到鍋中攪拌均勻 ⓓ，煮滾後關小火稍微濃縮一下醬汁即可。

⬡ **tips**

味噌與醬油有許多不同的形式，味道也各有特色，只要注意鹹度與分量就可以做出許多變化。

阿爾薩斯在法國的東北方，自古以來有時被法國統治，
有時又被德國佔領，所以兩國的食物文化在這裡被完美融合。
這道食譜的豬腳其實就是德式豬腳，就看你要在哪個國家吃它而已。

阿爾薩斯水煮豬腳

可用的低溫烹調方式

低溫烹調機	○
水波爐或蒸爐	○
瓦斯爐	△
傳統烤箱	○
電子鍋	○
大同電鍋	×
保溫容器	△

🌡 68~75℃
🕐 12~16小時

材料

蹄膀 1kg

鹽漬用水（8%）

水 1000ml
鹽 80g
月桂葉 2～3片
百里香 1束
芫荽籽 5g
丁香 2顆
杜松子 5g
黑胡椒粒 5g
粉紅鹽 1～2g

作法

1 調鹽漬用水，確認鹽都溶於水中。

2 蹄膀汆燙後洗淨表面雜質，放入鹽漬用水冷藏10天 a 。

3 將醃漬好的蹄膀取出，洗淨後裝入密封袋，排除多餘的空氣後密封 b 。

4 電子鍋加入68～75℃的熱水，以保溫模式烹調12～16小時，完成後連同真空袋放入冰水迅速冷卻，再冷藏備用。

5 食用前放入60～70℃的溫水中回溫40～60分鐘就可以囉。

⊛ **tips**

● 除了直接吃，也可以進烤箱，用200℃烤箱烤10～15分鐘，讓豬腳的表皮上色再吃，或是沾上粉漿後炸來吃，風味都很好。

● 搭配任何酸甜口味的醃漬菜都可以，即使是台式泡菜也好吃。

這是台式花生豬腳的西餐版，
多了西式香料與煙燻辣椒的風味，
白酒醋的酸味也可以平衡濃厚的口感。

培根白豆豬腳

可用的低溫烹調方式

低溫烹調機	○
水波爐或蒸爐	○
瓦斯爐	△
傳統烤箱	○
電子鍋	✕
大同電鍋	✕
保溫容器	△

🌡 85~87℃

🕐 12~16小時

材料

豬腳 1kg

培根 100g

洋蔥 1顆

白腰豆 200g

雞高湯 1500ml

白酒 100ml

砂糖 50g

白酒醋 30ml

小茴香 2g

黑胡椒粒 5g

綠色辣椒（要會辣的）1根

煙燻辣椒粉 5g

蒜仁 2～3瓣

鹽 適量

沙拉油 適量

作法

1　白腰豆先泡水8～12小時 ⓐ；豬腳汆燙後洗淨；洋蔥與培根切大丁；辣椒切片；蒜仁拍碎。

2　先用適量的沙拉油以小火將煙燻辣椒粉炒出香味 ⓑ，倒入洋蔥與蒜仁一起炒到略為上色 ⓒ。

3　再把所有的材料都放入鍋中 ⓓ，大火煮滾後蓋上蓋子，放入已預熱好的烤箱以85～87℃烹煮12～16小時 ⓔ。

4　完成後依喜好調味就可以享用了。

⬡ tips

• 味道濃淡、辣度可以自行調整。

• 燉菜放個幾天味道會更棒！

對我來說花生與豬腳都要軟而不爛才是高明的花生燉豬腳，
這個溫度與時間剛剛好可以達到這個要求。
喜歡喝湯的朋友可以多放點雞高湯。

花生燉豬腳

可用的低溫烹調方式

低溫烹調機	○
水波爐或蒸爐	○
瓦斯爐	△
傳統烤箱	○
電子鍋	×
大同電鍋	×
保溫容器	△

🌡 85~87℃

🕐 12~16小時

材料

豬腳 1kg

花生 300g

米酒 80ml

雞高湯 500ml

薑片 適量

八角 2顆

月桂葉 1~2片

鹽 適量

胡椒 適量

作法

1 豬腳用清水洗淨，放入鍋子，加入剛好淹過的冷水後煮滾 a，煮滾後關小火續煮3～5分鐘。

2 汆燙好的豬腳用清水洗乾淨，趁此時再拔除沒拔乾淨的豬毛。

3 所有材料放入密封袋，排除多餘的空氣後密封 b。

4 用水波爐或蒸爐以85～87℃烹煮12～16小時 c，完成後再調味即可。

「料多不傷菜」（但是傷荷包）
這句話放在這道台灣最知名的小吃真是再適合也不過了，
想要省料省錢絕對做不出味美好喝的四神湯，
自家人享用請各位下手重一點！

四神湯

可用的低溫烹調方式

低溫烹調機	○
水波爐或蒸爐	○
瓦斯爐	△
傳統烤箱	×
電子鍋	×
大同電鍋	×
保溫容器	△

🌡 82~85℃
🕐 12~16小時

材料

豬小排 500g
豬肚 1/2副
豬小腸 1/2副
四神藥包 1包
雞高湯（或水）
1500～2000ml
米酒 少許
鹽 適量
胡椒 適量

a

b

c

作法

1 豬肚、豬小腸清理乾淨，再與豬小排汆燙 a 後用清水把表面洗淨，把豬肚與豬小腸切成需要的大小。

2 所有材料放入密封袋中，排除多餘的空氣後密封 b 。

3 用低溫烹調機以82～85℃烹煮12～16小時 c 。

4 上桌前用鹽與胡椒調味即可。

✦ tips

豬小腸要清理乾淨喔！
不然味道……（你懂的）！

巴斯克雖然屬於西班牙，但是有自己的語言與文化，所以獨立性格強，
巴斯克料理常常會使用當地盛產的各種椒類——從生的到乾燥的都有，
是最佳土地與飲食文化的代表之一。

巴斯克風味油封豬肩肉

可用的低溫烹調方式

低溫烹調機	○
水波爐或蒸爐	○
瓦斯爐	△
傳統烤箱	○
電子鍋	○
大同電鍋	×
保溫容器	△

🌡 68~75℃

🕐 8~12小時

材料

豬梅花肉 1kg
鴨油 300~400g（可用豬油代替）

鹽漬用水（4%濃度鹽水）

水 1000ml
鹽 40g
黑胡椒粒 5g
月桂葉 2~3片
百里香 1~2束

配菜

Bayonne生火腿 100g
（可用煙燻培根代替）
洋蔥 1顆
青椒 1/2顆
紅甜椒 1/2顆
黃甜椒 1/2顆
蒜仁 5~8瓣
牛番茄 2顆
白酒 100ml
西班牙煙燻辣椒粉 適量
鹽 適量
白胡椒 適量
Extra Virgin橄欖油 適量

> ⬡ **tips**
> 做油封時可以混油，例如1/2鴨油＋1/2沙拉油。

作法

1 調鹽漬用水的所有材料，確認鹽都溶於水中後再把豬肉放進去 ⓐ，冷藏醃漬1晚。

2 把醃漬好的豬肉取出，擦乾後放入鍋子，倒入融化的鴨油，鴨油要淹過豬肉 ⓑ。

3 放入預熱好的烤箱，用68~75℃烹調8~12小時 ⓒ。

4 取出完成烹調的豬肉，用平底鍋把表面煎上色即可 ⓓ。

配菜

1 三種顏色的甜椒切絲、洋蔥切丁、生火腿切丁、牛番茄切丁、蒜仁拍碎。

2 用油把洋蔥炒到金黃色，再加入作法1的其他材料一起翻炒 ⓔ。

3 倒入白酒 ⓕ、煙燻辣椒粉，拌炒燉煮約20分鐘，再用鹽與胡椒調味即可。

9

MEAT

肉類·牛

· 法式蔬菜燉牛肉 · 煙燻牛肉火腿 · 炭烤安格斯Prime嫩肩牛肉
· 厚片Prime肋眼牛排 · 番茄燉牛肚 · 香煎花椒風味無骨牛小排
· 香料牛舌佐Ravigote醬汁 · 紅酒燉牛肉 · 滷牛腱

這道菜的法文是Pot-au-feu，有人直接照字面翻成「火上鍋」，
說穿了就是蔬菜清燉牛肉湯，這道傳統的媽媽菜有法式料理中少有的
清澈湯汁，應該很適合台灣人的口味。

法式蔬菜燉牛肉

可用的低溫烹調方式

低溫烹調機	○
水波爐或蒸爐	○
瓦斯爐	△
傳統烤箱	○
電子鍋	✕
大同電鍋	✕
保溫容器	△

🌡 82～85℃

🕐 8～12小時

材料

牛臉頰肉（可用牛腱代替）1kg
雞高湯 2000ml
白酒 200ml
白蘭地 50ml
紅蘿蔔 1根
洋蔥 1顆
西洋芹 1根
青蒜苗 1支
蒜仁 5瓣
奶油 50g
牛番茄 1顆
煙燻培根丁 100g
黃、綠櫛瓜各 1/2條
大蘆筍 3支
鹽、胡椒 適量
香草 少許（裝飾）

香料

百里香 1～2束
巴西里 1～2束
月桂葉 2～3片
丁香 3～5顆
黑胡椒粒 5g

作法

1 將所有的香料放入茶葉袋中或用棉線綁好；所有的蔬菜切滾刀塊；牛肉修除表面的筋膜與肥油，切成適當大小。

2 牛肉放入大鍋中，加入淹過牛肉的冷水（分量外），以大火煮滾，再將牛肉撈出，用水沖掉表面的雜質。

3 將洗乾淨的牛肉放入燉鍋中，再把除了櫛瓜、蘆筍之外的材料都放進去，加入雞高湯、白酒、白蘭地（若沒淹過材料可補點水），開大火煮滾後轉小火煮10分鐘，過程中要不時撈除表面浮沫 ⓐ。

4 蓋上鍋蓋放入82～85℃的烤箱燉煮8～12小時 ⓑ。最後1小時再把櫛瓜與蘆筍放入鍋中。

5 燉煮完成後把香料撈出丟棄，用鹽與胡椒調味，再用少許香草裝飾，就可端上桌享用了。

其實這是豬肉熟火腿的牛肉＋煙燻版本，
煙燻之後所帶來的風味讓它提昇了1000分！
當然你也可以不要煙燻，就是牛肉熟火腿囉！

煙燻牛肉火腿

可用的低溫烹調方式

低溫烹調機	○
水波爐或蒸爐	○
瓦斯爐	△
傳統烤箱	○
電子鍋	○
大同電鍋	×
保溫容器	△

🌡 68~75℃

🕐 3~5小時

材料

牛肉 1kg

醃料（每公斤肉的用量）

鹽 19g
糖 6g
黑胡椒 2g
月桂葉 數片
粉紅鹽（亞硝酸鹽） 0.5g
（可有可無）

煙燻材料

黑糖 50g
木屑 50g
碎的紅茶葉 25g
（可用茶包內的茶葉）

a　b　c　d

作法

1 牛肉切成適當大小與長度。

2 將所有醃料混合，均勻地塗抹在牛肉表面 a，再放入密封袋，排出多餘的空氣後密封，放入冰箱冷藏醃漬5～7天。

3 將醃漬好的牛肉從密封袋取出，表面洗乾淨後擦乾，用平底鍋將表面煎上色 b。

4 拿大小適當的鍋子，底下鋪一層鋁箔紙，把煙燻材料均勻平鋪在鋁箔紙上。

5 在鍋中放上煙燻架，把牛肉平鋪在煙燻架上 c。完成之後蓋上鍋蓋。

6 先開大火，看到煙冒出後再轉中火，整個煙燻過程大約15分鐘，煙燻過程中都要看到煙，若是沒煙要將爐火轉大。熄火後不掀鍋蓋靜置5分鐘。

7 取出煙燻完成的牛肉，放入密封袋，排出多餘的空氣後密封。

8 電子鍋加入68～75℃的熱水，用保溫模式烹煮3～5小時 d，完成後就是煙燻牛肉火腿了！

❄ tips

• 煙燻牛肉火腿適合切片冷食，做成三明治是野餐的好伴侶。

• 木屑請使用煙燻專用木屑，如果沒有，僅使用黑糖與茶葉即可。

大塊的燒烤牛肉總是餐桌上最誘人的，但是火候掌控的難度讓許多人卻步不前，
照著這道食譜來做，保證易如反掌，再大塊的肉對你來說都是小菜一碟。

炭烤安格斯Prime嫩肩牛肉

可用的低溫烹調方式

低溫烹調機	○
水波爐或蒸爐	○
瓦斯爐	△
傳統烤箱	×
電子鍋	×
大同電鍋	○
保溫容器	△

🌡 52~54℃
🕐 4~8小時

材料

安格斯Prime等級嫩肩牛肉 1條
月桂葉 2～3片
蒜碎 適量
黑胡椒 適量
鹽 適量

作法

1 將嫩肩牛肉表面的油與筋膜修除 ⓐ，若一條太長，請平均切分成兩塊。1公斤是最容易操作的大小。
2 黑胡椒與適量鹽撒在牛肉上 ⓑ，然後把牛肉、蒜碎與月桂葉一起放入袋中。排除多餘的空氣後密封 ⓒ，冷藏醃漬1晚。
3 用低溫烹調機以52～54℃烹調4～8小時 ⓓ。
4 取出牛肉，擦乾表面後將牛肉煎上色或用炭火烤上色 ⓔ。
5 切成薄片，在牛肉上撒點蒜碎、鹽與黑胡椒即可享用。

⬢ tips

嫩肩牛肉可以換成整塊的肋眼或是戰斧，等級越高油脂越多，自然就會更好吃。當然肉越大塊低溫烹調的時間就要越長，超過12小時也沒有問題。

用低溫烹調處理牛排適合不太敢吃生肉的朋友。
對喜愛牛排的人來說，3～5公分厚度的牛排，
只要將表面煎過，再放進烤箱就可以了！

厚片Prime肋眼牛排

可用的低溫烹調方式

低溫烹調機	○
水波爐或蒸爐	○
瓦斯爐	○
傳統烤箱	×
電子鍋	×
大同電鍋	○
保溫容器	○

🌡 50~52℃

🕐 30~60分鐘

材料

厚度3公分以上的肋眼牛排 1片
新鮮百里香 1～2束
蒜仁 1～2瓣
無鹽奶油 1小塊
鹽 適量
黑胡椒 適量

作法

1 肋眼牛排抹上少許鹽、黑胡椒、無鹽奶油、蒜仁、百里香,放入袋中 a 。排出多餘的空氣後密封,放入冰箱冷藏醃漬1晚。

2 先決定水量,再用本書公式或提供的程式計算出水溫。

3 肋眼牛排放到保溫容器,再倒入熱水,蓋緊蓋子,烹調30～60分鐘 b 。

4 將肋眼牛排取出,擦乾表面後,用平底鍋快速的將表面煎上色 c 。

5 煎好的牛排蓋上鋁箔紙 d ,放在溫暖的地方靜置10～15分鐘即可上桌。

⬡ tips

用保溫容器做低溫烹調時,記得水量要儘量多,烹調溫度也要比所需溫度提高幾度。若不放心可放溫度探針在裡面,當水溫低於50℃時就適度加點滾燙的水進去,把溫度拉上來。

不用低溫烹調的牛排煎法

- 將厚底的平底鍋燒到表面略為冒煙的程度。
- 牛排表面擦乾,倒入足夠的油,油一倒入立刻把牛排放下去煎。
- 等到一面煎上色後換面,或是一直不斷地換面,直到牛排表面呈漂亮的金黃色。(不要忘記牛排的側邊也要煎上色)
- 把煎好的牛排放入以200℃的烤箱,烤3～5分鐘。烤的時間要依照牛排的厚度、需要的熟度與烤箱的熱效率來調整。
- 將烤好的牛排取出,蓋上鋁箔紙,放在溫暖的地方保溫10～15分鐘即可上桌。

煎出好牛排的要點

- 牛肉要夠厚,薄於3公分的牛排,熱很快就傳到肉的中心,所以等到牛肉的兩面煎上色,牛肉就過熟了!
- 要用厚底的平底鍋,而且鍋子要燒到很熱(有一點點冒煙)。
- 牛排下鍋前表面要擦乾。
- 不要怕煎的過程冒出油煙,沒有油煙表示溫度不夠高!

這道菜在歐洲許多地方都有，例如法國里昂或義大利羅馬，
地方不同，使用的材料也有點差異（例如蜂巢肚或是百頁），
唯一不變的就是好吃程度。我很喜歡把燉牛肚夾在麵包中，
同時也會加點生蒜碎與歐芹增添味道與口感。

番茄燉牛肚

可用的低溫烹調方式

低溫烹調機	○
水波爐或蒸爐	○
瓦斯爐	△
傳統烤箱	○
電子鍋	×
大同電鍋	×
保溫容器	△

🌡 82~85℃

🕐 10~16小時

材料

牛肚 1kg（蜂巢肚或是百頁皆可）

洋蔥 1~2顆

紅蘿蔔 1根

西洋芹 1根

蒜仁 5~8瓣

牛番茄 3~5顆

干白酒 300ml

雞高湯 800ml

罐頭番茄 500g

番茄糊 40g

煙燻培根丁 80g

羅勒 適量

鹽 適量

黑胡椒 適量

糖 適量

香料束

百里香 1~2束

月桂葉 2~3片

巴西里 2束

青蒜苗 1支

作法

1 把紅蘿蔔、西洋芹與洋蔥都切大丁；牛番茄切塊備用。

2 蜂巢牛肚放入大鍋中，加入可蓋過牛肚的冷水（分量外）後大火煮開 ⓐ，關火讓整鍋水自然冷卻至室溫。

3 將牛肚取出，切成所需的大小備用。

4 紅蘿蔔、西洋芹、洋蔥與蒜仁一起放到鍋中炒上色 ⓑ，再倒入白酒 ⓒ、雞高湯與罐頭番茄一起煮滾。

5 把牛肚、牛番茄塊、番茄糊、培根丁、羅勒與香料束一起放入鍋子中煮滾 ⓓ。

6 蓋上鍋蓋，放入烤箱以82～85℃烹煮10～16小時 ⓔ。

7 完成後以鹽、黑胡椒與糖調味，略為裝飾後上桌！

⊗ tips

上桌前可淋一點品質好的Extra Virgin橄欖油，然後在表面撒上現磨的Parmigiano起司或是Pecorino Romano起司，風味會更棒！

這道菜會出現是因為某次回南部老家過年，突然有不習慣吃西餐的長輩要留下來吃飯，
在老家廚房的器材與材料都欠缺的狀況下，我採用緊急應變程序製作出這道菜。
沒想到卻大受好評，所以就拿出來跟大家分享囉！

香煎花椒風味無骨牛小排

可用的低溫烹調方式

低溫烹調機	○
水波爐或蒸爐	○
瓦斯爐	△
傳統烤箱	×
電子鍋	×
大同電鍋	○
保溫容器	△

🌡 52~56℃
🕐 30~60分鐘

材料

無骨牛小排 1大片
大紅袍花椒 10~15g
醬油 50ml
沙拉油 50ml
蒜碎 適量
花椒油 適量
鹽 適量
黑胡椒 適量

作法

1 無骨牛小排修除表面的筋膜與肥油 ⓐ，再切成適當大小。

2 花椒略為壓碎 ⓑ，再與牛小排、醬油、沙拉油一起放入袋中。排除多餘的空氣後密封，放入冰箱冷藏醃漬1晚。

3 大同電鍋的外鍋加入適量的水，蓋上鍋蓋、插上電源，讓電鍋進入保溫模式。

4 等水溫達52～56℃左右再把牛肉放進去。蓋鍋蓋，開始烹調30～60分鐘 ⓒ。

5 取出牛小排，用大火將牛排表面煎上色。

6 煎好的牛小排蓋上鋁箔紙，放在溫暖的地方保溫10～15分鐘。

7 裝盤，牛小排上面放點蒜碎，淋點花椒油，旁邊放鹽與黑胡椒即可。

⊛ tips

● 牛小排的肉就算全熟也很嫩，所以幾乎適合所有的低溫烹調方式，若非追求粉紅色的切面，其實可用更高的溫度烹煮。拿來做中式的熱炒也非常棒。

● 可以先把水加熱到預定溫度再倒入大同電鍋的外鍋中，這樣可以節省很多時間。

牛舌對於愛好吃肉的人來說有種無可抵擋的魅力，處理牛舌最麻煩的就是表皮的剝除。
這份食譜的牛舌經過長時間的醃漬與低溫烹煮，吃起來與日式燒烤店有很大的差異。
搭配的Ravigote醬汁更有加分的作用。

香料牛舌佐Ravigote醬汁

可用的低溫烹調方式

低溫烹調機	○
水波爐或蒸爐	○
瓦斯爐	△
傳統烤箱	○
電子鍋	○
大同電鍋	×
保溫容器	△

🌡 70~72℃

🕐 22~26小時

材料

牛舌 1副（重約1kg左右）
西洋菜 少許（裝飾）

鹽漬用水

鹽 85g
糖 15g
粉紅鹽 2g（可省略）
水 1250ml
黑胡椒粒 3g
月桂葉 2~3片
杜松子 3g
丁香 2~3顆
百里香 2束
芫荽子 2g

Ravigote醬汁

紅蔥頭 5~6顆
無籽黑橄欖&無籽綠橄欖 適量
酸豆 適量
水煮蛋 1~2顆
巴西里、細香蔥 適量
白酒醋 50ml
Exyra Virgin橄欖油 150ml
鹽、白胡椒 適量

作法

1 調鹽漬用水的所有材料，充分攪拌並確認鹽與糖都溶解於水中。

2 將牛舌放入鹽漬用水，放入冰箱冷藏醃漬7~10天。

3 將醃漬好的牛舌取出，洗淨擦乾表面，放入密封袋中，排出多餘的空氣並密封。

4 牛舌放入烤箱用70~72℃烹煮22~26小時 a，完成後取出放涼。

5 放涼的牛舌可以輕易地剝除舌頭表面的皮膜 b，然後將牛舌切片，每塊約2.5~5mm厚 c。

6 出餐前用油稍微煎一下每片牛舌 d。

7 將牛舌擺盤，淋上Ravigote醬汁，並以西洋菜裝飾。

Ravigote醬汁

1 除了水煮蛋之外的所有材料都切碎 e。

2 白酒醋與橄欖油混合做成油醋醬，再把作法1的材料加進去，混合均勻並用鹽與胡椒調味 f。

3 水煮蛋的蛋黃與蛋白分開，兩者切碎備用。淋上醬汁後再撒到料理上。

⊗ tips

• 如果想要享受大塊吃肉的快感，也可以把牛舌切成10~15mm厚，這樣出餐保證豪氣。

• 沒有牛舌用豬舌也很好吃，若是用豬舌就可以省去剝皮膜這個麻煩事。

紅酒牛肉絕對可以名列最知名的法國菜之一，因為原文是Bœuf Bourguignon（布根地紅酒燉牛肉），所以很多人為了是否要用布根地紅酒而爭論，個人覺得用布根地紅酒實在太浪費了，所以我都用價格平實、口感均衡的紅酒來烹煮這道菜。

紅酒燉牛肉

可用的低溫烹調方式

低溫烹調機	○
水波爐或蒸爐	○
瓦斯爐	△
傳統烤箱	○
電子鍋	○
大同電鍋	×
保溫容器	△

🌡 68～75℃

🕐 12～16小時

材料

牛嫩肩或牛腱子肉 1kg
紅蘿蔔 1根
西洋芹 1根
洋蔥 1顆
蒜仁 4～6瓣
紅酒 500～600ml
番茄糊 30g
鮮奶油 50ml
水 300ml
黑胡椒粒 適量
杜松子 適量
鹽、糖、黑胡椒 適量

香料束

蒜苗 1支
百里香 1～2束
月桂葉 2～3片
巴西里 2束

褐色麵糊

麵粉 60g
無鹽奶油 60g

a   b

作法

1 牛肉切成4～5cm見方大小；紅蘿蔔切滾刀塊；西洋芹切段；洋蔥切大塊。

2 除了鮮奶油與番茄糊之外，所有材料（鹽、糖、黑胡椒除外）放入鍋中 a，冷藏醃漬2～3天。

3 把醃漬好的牛肉、蔬菜、紅酒分開放。牛肉分次用大火煎上色；蔬菜炒上色；紅酒煮到滾，撈除表面浮沫。

4 把作法3的所有材料再放入電子鍋中 b，番茄糊與香料束也放進去，用保溫模式以68～75℃烹煮12～16小時。

5 完成後取出2/3的湯汁，放入鍋中煮滾，分次加入褐色麵糊，並充分攪拌讓湯汁稠化。

6 把稠化完成的湯汁倒回電子鍋與剩下的湯汁混合，然後用鹽、糖與黑胡椒調味。

7 裝盤，再淋點鮮奶油裝飾即可。

c   d

褐色麵糊

1 用中火把奶油融化後，加入麵粉不斷拌炒 c。

2 直到麵糊呈褐色 d。完成之後冷卻備用。

✿ tips

- 若想要看起來更豐富，可以最後加些炒過的蘑菇與培根丁。
- 不要用品質差的紅酒作這道菜，會很難吃。如果有牛高湯可以取代水加入燉煮，味道會更好。
- 燉煮類的菜完成後冷藏2～3天會更美味，食用前再復熱即可。
- 當增稠劑使用的褐色麵糊一定要冷卻後才能與熱湯混合，不然會無法達到增稠效果，建議提早做好備用。

滷牛腱是台灣常見的小菜，這個食譜是我老媽的。其實滷味的做法都很類似，
所以同樣的作法食材可以自己變化，如換成牛筋、豬耳朵、豬腳等，
滷汁當然遵照老媽的做法，留下來一滷再滷，最後變成傳家的老滷。

滷牛腱

可用的低溫烹調方式

低溫烹調機	○
水波爐或蒸爐	○
瓦斯爐	△
傳統烤箱	○
電子鍋	○
大同電鍋	✕
保溫容器	△

🌡 68~75℃

🕐 12~16小時

材料

牛腱 1kg
純釀醬油 150ml
米酒 80ml
水 600ml
辣豆瓣醬 60g
嫩薑片 適量
辣椒 3根（1根裝飾用）
蔥 3支（1支切蔥花）
鹽 15g
冰糖 30g
香油 適量

滷包

八角 2顆
花椒 10顆
丁香 2顆
月桂葉 3片
黑胡椒粒 10顆

⬡ **tips**
滷完後建議放兩天再吃，
味道會更好。

a   b   c

作法

1 牛腱表面的筋膜稍微修除 ⓐ；滷包的材料全部放進茶葉袋；蔥切段。

2 把所有的材料放進密封袋 ⓑ，排除多餘的空氣後密封，冷藏醃漬1～2天。

3 電子鍋加入68～75℃的熱水，用保溫模式烹煮12～16小時 ⓒ。

4 完成後立刻放入冰水中冰鎮，然後冷藏保存。

5 食用時直接切薄片，淋點香油再撒上蔥花與辣椒即可。

· 燉羊膝 · 小茴香烤羊腿
· 迷迭香風味羔羊排 · 芥末堅果風味羔羊排

羊膝與牛膝都是結締組織很多的食材，長時間燉煮後可以讓結締組織明膠化，
湯汁也會因此變得很濃郁。可以搭配Couscous或是薄荷大黃瓜優格沙拉一起吃。

燉羊膝

可用的低溫烹調方式

低溫烹調機	○
水波爐或蒸爐	○
瓦斯爐	△
傳統烤箱	○
電子鍋	○
大同電鍋	×
保溫容器	△

🌡 68~75℃

🕐 12~16小時

材料

羊膝 3～4隻
洋蔥 1顆
紅蘿蔔 1根
蒜仁 3～5瓣
罐頭番茄 800g
白酒 100g
Cayenne辣椒粉 適量
高湯 500ml
麵粉 適量
沙拉油 適量
鹽 適量
胡椒 適量
新鮮迷迭香 少許

香料束

百里香 1束
月桂葉 2～3片
巴西里 1～2束

鹽漬用水（3%）

水 1500ml
鹽 45g

⬡ **tips**

● 羊膝可以換成牛膝，也可加入小茴香與肉桂燉煮。

● 如果是用牛膝，吃的時候可以搭配切碎的巴西里、檸檬皮絲與蒜碎混合做成的Gremolata醬。（其實Gremolata醬與羊膝也很搭啦！）

作法

1 調鹽漬用水，確認所有鹽都溶於水中。羊膝修除表面筋膜後放入鹽漬用水中，冷藏醃漬1天。

2 罐頭番茄用果汁機打成泥 ⓐ；蒜仁拍扁；洋蔥與紅蘿蔔切丁；香料束用棉線綁成束。

3 取出醃漬好的羊膝，在表面拍上一層麵粉，用平底鍋把表面煎上色 ⓑ，煎好取出備用。把鍋子中的油倒掉，倒入白酒刮底取色 ⓒ，再倒出備用。

4 把洋蔥丁炒上色，再加入蒜仁與Cayenne辣椒粉一起炒香 ⓓ，接著倒入高湯刮底取色。

5 煎好的羊膝放入鍋中，加入作法3的白酒、紅蘿蔔丁與番茄泥 ⓔ，大火煮滾後蓋上蓋子，放入烤箱中以68～75℃烹煮12～16小時 ⓕ。

6 完成後取出，用鹽與胡椒調味，再撒上少許迷迭香葉就可以享用了。

小茴香烤羊腿

可以想像的是，當一隻烤羊腿端上桌時，餐桌邊的人一定會目不轉睛地盯著它！
羊腿去骨或是帶骨都可以，去骨的羊腿得先用棉線綁好，帶骨則免。
建議先不要分切，整隻上桌才有感覺。

可用的低溫烹調方式

低溫烹調機	○
水波爐或蒸爐	○
瓦斯爐	△
傳統烤箱	✕
電子鍋	✕
大同電鍋	✕
保溫容器	△

🌡 50~54℃
⏱ 12~16小時

材料

羊腿 1隻
油 適量

香料

蒜碎 適量
百里香 適量
月桂葉 適量
小茴香 適量
鹽 適量
黑胡椒 適量

作法

1. 稍微修除羊腿表面的筋膜 ⓐ，將羊腿肉比較厚的部分切劃幾刀，讓味道較容易醃漬進去。

2. 將香料均勻的抹在羊腿表面 ⓑ。

3. 用棉線將羊腿綁好 ⓒ，再將羊腿放入密封袋，排出多餘的空氣後密封 ⓓ，放入冰箱醃漬1天。

4. 用低溫烹調機以50～54℃烹調12～16小時。

5. 取出羊腿，表面淋一點油 ⓔ，再放進已經用220℃預熱好的烤箱，烘烤15分鐘 ⓕ。

6. 烤好的羊腿蓋上鋁箔紙，放在溫暖的地方靜置15～20分鐘即可上桌。

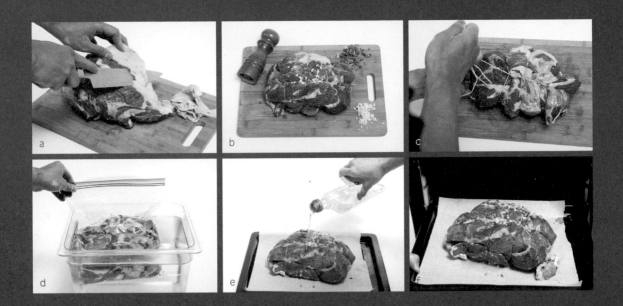

⊗ tips

羊腿進烤箱時可以放一些根莖瓜果蔬菜一起烤，當作配菜剛剛好。

羔羊排與迷迭香一直是天作之合，不過迷迭香味道重，
所以千萬不要太多，以免搶了羔羊排的風味！

迷迭香風味羔羊排

可用的低溫烹調方式

低溫烹調機	○
水波爐或蒸爐	○
瓦斯爐	○
傳統烤箱	×
電子鍋	×
大同電鍋	○
保溫容器	○

🌡 50~52℃

🕐 30~60分鐘

材料

羔羊排 2片（不分切）

新鮮迷迭香 2支

蒜仁 4～5瓣

鹽 適量

黑胡椒粒 適量

Extra Virgin橄欖油 100ml

作法

1. 羔羊排修除表面多餘的油脂、筋膜 ⓐ，骨頭部分先用鋁箔紙包好避免刺破密封袋 ⓑ，然後在羔羊排表面撒上適量的鹽與黑胡椒。

2. 把羔羊排、迷迭香、蒜仁與橄欖油一起放入密封袋，排出多餘的空氣後密封 ⓒ。放入冰箱冷藏醃漬1晚。

3. 先決定水量，再用公式算出所需的水溫，把熱水與羔羊排一起放入保溫容器烹調30～60分鐘 ⓓ。完成後取出羊排，用平底鍋以大火將羊排表面快速煎上色 ⓔ。

4. 將煎好的羊排用鋁箔紙蓋好，放在溫暖的地方保溫，靜置10～15分鐘。

5. 將羊排切開，擺到盤子上，再放上配菜就可以享用了。

✷ tips

- 建議搭配普羅旺斯燉蔬菜或是油封番茄享用。

- 如果自己吃，筋膜肥肉不用修得太乾淨。

這是迷迭香羔羊排的變奏版本，表面酥脆的堅果會讓軟嫩的羔羊排咀嚼起來有對比。
也可以在堅果種類上做變化，這樣就會更有趣了。

芥末堅果風味羔羊排

可用的低溫烹調方式

低溫烹調機	○
水波爐或蒸爐	○
瓦斯爐	○
傳統烤箱	×
電子鍋	×
大同電鍋	○
保溫容器	○

🌡 50~52℃

🕐 30~60分鐘

材料

羔羊排 2片（不分切）

百里香 2束

蒜仁 3～4瓣

無鹽奶油 20g

腰果 適量

核桃 適量

麵包粉 適量

法式芥末醬 適量

鹽漬用水（3%）

水 1000ml

鹽 30g

🔷 tips

取出羊排後袋子裡會留下一些湯汁，可以過濾後加熱縮汁，最後加入適量的無鹽奶油稠化，這樣就是很棒的醬汁了。

作法

1 羔羊排修除表面的油與筋膜 ⓐ，放到調好的鹽漬用水裡醃漬至少1晚。

2 腰果與核桃用180℃烤5～10分鐘 ⓑ，然後切碎，與麵包粉混合備用。

3 取出羔羊排，把骨頭的部分用鋁箔紙包好以免刺破密封袋，然後與奶油、百里香、拍扁的蒜仁一起放入密封袋，排除多餘的空氣後密封。

4 用水波爐或蒸爐以50～52℃烹30～60分鐘 ⓒ，完成後取出羊排。

5 先把羔羊排的表面擦乾，然後抹上一層薄薄的法式芥末醬，再將作法2的核果麵包碎粉鋪黏到表面 ⓓ。

6 送入預熱好的烤箱，用220℃烘烤約5～8分鐘 ⓔ，讓表面呈金黃色即可。

香料薯條

傳統上薯條要好吃，需經過油炸兩次的手續，第一次用低溫，目的是為了讓薯條熟透；第二次用高溫，目的是讓薯條上色。現在把第一次油炸的手續用低溫烹調取代，這樣薯條的含油量就會低一些。

可用的低溫烹調方式

低溫烹調機	○
水波爐或蒸爐	○
瓦斯爐	△
傳統烤箱	○
電子鍋	×
大同電鍋	×
保溫容器	△

🌡 83～85℃

⏱ 3～5小時

作法

1. 馬鈴薯洗淨削皮，切成1.25～1.5公分寬的長條形。
2. 將切好的馬鈴薯用冷水（分量外）浸泡 ⓐ，冷藏至少1晚。
3. 把馬鈴薯裝到密封袋中，排除多餘的空氣後密封。
4. 用水波爐或蒸爐以83～85℃烹調3～5小時 ⓑ，完成後連同真空袋放入冰水中急速冷卻，再冷藏備用。
5. 食用前先把炸油加熱到190℃，將冷藏的薯條下鍋油炸4～7分鐘 ⓒ。
6. 瀝乾炸油，用蒜碎、紅蔥頭碎、鹽與黑胡椒調味。

材料

馬鈴薯 1kg
蒜碎 適量
紅蔥頭碎 適量
鹽 適量
黑胡椒 適量
油炸用的油 適量

❇ tips

如果想要豪華版，也可以拌點黑松露醬，就變成松露薯條！

想要保存久一點，可以在低溫烹調之後冷凍，但冷凍前一定要拆開密封袋，把薯條攤開後再進冷凍庫，不然會全部凍結在一起。

若可以用鴨油或是鵝油當炸油就更好吃了！再不然用豬油也不錯。

a   b   c

油封番茄

番茄盛產的時候就是做這道菜最棒的時機，油封番茄可用在任何場合，當配菜、煮義大利麵、夾三明治、做麵包……，用過的都説讚！

可用的低溫烹調方式

低溫烹調機	✕
水波爐或蒸爐	✕
瓦斯爐	✕
傳統烤箱	○
電子鍋	✕
大同電鍋	✕
保溫容器	✕

🌡 90~100℃
🕐 1.5~3小時

材料

牛番茄 6~7顆
Extra Virigin橄欖油 適量
百里香 2~3束
巴西里 2~3束
黑胡椒 適量
鹽 適量
糖 適量

作法

1　牛番茄汆燙去皮，縱切成四份後去籽 ⓐ。

2　將切好的牛番茄放在烤盤上，凹面朝下。

3　撒上適量的鹽、糖、黑胡椒 ⓑ 與切碎的百里香，然後淋上大量Extra Virgin橄欖油 ⓒ。

4　放入烤箱 ⓓ，以90～100℃烤1.5～3小時（如果烤箱有旋風功能請開啟），直到番茄整個縮水，香味也出現即可。

5　做好的油封番茄與烤盤裡的橄欖油，一起放到可密封的盒子中，倒入剛好可以蓋住番茄的橄欖油後冷藏，可以保存約1個月左右。

🔶 tips

・糖的用量可以多一些，鹽則要小心，免得成品太鹹。
・牛番茄也可以換成聖女小番茄，小番茄不用去皮，只要對半切即可。
・冷藏保存時橄欖油會凝結，這是正常現象。

這個檸檬抹醬除了當抹醬，
也可以填入塔殼變成檸檬塔，
或是搭配其他水果一起享用。

法式檸檬抹醬

可用的低溫烹調方式

低溫烹調機	○
水波爐或蒸爐	○
瓦斯爐	○
傳統烤箱	○
電子鍋	✕
大同電鍋	✕
保溫容器	✕

🌡 83℃

🕐 40～60分鐘

材料

檸檬汁 200ml

全蛋 4顆

蛋黃 2顆

砂糖 220g

鹽 3g

無鹽奶油 120g

檸檬皮絲 2～3顆量

作法

1 將鹽、砂糖與檸檬皮絲放在鋼盆中,以打蛋器用力攪拌,直到檸檬皮絲的香氣充分的散發 a 。

2 將除了無鹽奶油之外的所有材料一起放入作法1 b ,攪拌均勻。

3 把混合好的作法2倒入密封袋中,放入無鹽奶油,排除多餘的空氣後密封 c ,用低溫烹調機以83℃烹煮40～60分鐘。

4 做好的抹醬置於室溫冷卻20～30分鐘,再倒入要盛裝的容器中,如小杯子、塔殼,然後放入冰箱冷藏至少6小時即可。

⬡ **tips**

若覺得太酸或太甜可以酌量增加或減少糖的量。

家裡有喝不完卻又捨不得丟的紅酒嗎？
拿來做這道甜點剛剛好，
梨子吃完了還可以把煮汁喝了，
一點都不會浪費。

香料紅酒燉洋梨

可用的低溫烹調方式

低溫烹調機	○
水波爐或蒸爐	○
瓦斯爐	○
傳統烤箱	○
電子鍋	✕
大同電鍋	✕
保溫容器	○

🌡 80~85℃

🕐 30~60分鐘

材料

西洋梨 5~6顆
紅酒 300~400ml
水 400~500ml
薑 1小塊
肉桂棒 1支
丁香 2顆
香草豆莢 1根
八角 2顆
黑胡椒粒 3g
百里香 1束
月桂葉 2片
薄荷葉 1小把
砂糖 150~200g
檸檬 1~2顆
鹽 5g

作法

1　西洋梨削皮 a；檸檬擠汁，擠完汁的檸檬皮保留；香草豆莢對
　　剖取籽。

2　把所有材料，連擠完汁剩下的檸檬皮都一起放入密封袋 b，排
　　出多餘的空氣後密封。

3　用低溫烹調機以80～85℃烹調30～60分鐘 c。完成後放在室溫
　　自然冷卻，再放冰箱冷藏至少1天。

4　享用時取出西洋梨，切片後再淋一點煮汁就可以囉！

⊛ tips

● 紅酒可以換成白酒，顏色不同但味道一樣好。
● 西洋梨要選硬的，不然煮完口感會太軟。
● 香料可以自由發揮，煮汁加些柳橙汁，然後再加熱，就是適合冬天喝的熱紅酒（Vin Chaud），或加冰塊夏
　　天喝也很棒。

這是一道幾乎每個甜點愛好者都會做的甜點，這裡只是把烤箱的溫度明確的寫出來而已，
這樣就不再需要使用傳統的隔水加熱法囉！

焦糖烤布蕾

可用的低溫烹調方式

低溫烹調機	✕
水波爐或蒸爐	○
瓦斯爐	✕
傳統烤箱	○
電子鍋	✕
大同電鍋	✕
保溫容器	✕

🌡 83~85℃

🕐 1~1.5小時

材料

牛奶 250ml

鮮奶油 100ml

全蛋 2顆

蛋黃 2顆

糖 60g

香草豆莢 1根

作法

1　香草豆莢剖開取籽 ⓐ。

2　把牛奶與香草籽一起放到鍋子中煮滾 ⓑ。

3　把糖、鮮奶油、全蛋與蛋黃先放在鋼盆中攪拌均勻，然後再與作法2混合 ⓒ。

4　將蛋奶液平均倒入布丁盅裡，然後包上鋁箔紙。

5　烤箱預熱，用83～85℃烹調1～1.5小時 ⓓ，完成後冷卻，再放入冰箱保存。

6　食用前在表面撒上薄薄的糖（分量外），再用噴火槍燒成焦糖即可 ⓔ。

⊛ tips

• 想要布蕾質感嫩一點就用83℃，硬一點就用85℃。

• 可以加一點柳橙皮絲，就變成香草柳橙風味的焦糖烤布蕾。

使用低溫烹調來煮鳳梨可避免把鳳梨煮爛掉，
同時又能透過溫度使煮汁入味，是傳統烹飪法不容易達到的目的。

香草白酒鳳梨佐焦糖百香果醬

可用的低溫烹調方式

低溫烹調機	○
水波爐或蒸爐	○
瓦斯爐	○
傳統烤箱	○
電子鍋	○
大同電鍋	✕
保溫容器	○

🌡 72~75℃
🕐 1~2小時

材料

鳳梨 1/2顆
砂糖 250g
檸檬汁 30ml
香草豆莢 1根

白酒煮汁

白酒 50ml
砂糖 50g
水 50ml
白胡椒粒 2g

焦糖百香果醬

砂糖 50g
百香果 3~4顆
無鹽奶油 30g
水 50ml

作法

1 先將白酒煮汁的所有材料放入鍋中煮到滾 ⓐ，然後過濾放涼備用。

2 鳳梨削皮，切成想要的形狀；香草豆莢取籽。

3 將鳳梨、香草籽、砂糖、檸檬汁、白酒煮汁一起放入密封袋 ⓑ，排除多餘的空氣後密封。

4 放進電子鍋，倒入72~75℃的熱水，以保溫模式烹調1~2小時 ⓒ。完成後冷藏備用。

5 出餐時將鳳梨取出，用噴火槍把表面稍微燒上色，放入以焦糖百香果醬鋪底的盤子即可 ⓓ。

焦糖百香果醬

1 百香果對切，取果肉與汁；無鹽奶油切丁。

2 把糖直接放入鍋中，開中火將糖燒成焦糖，注意火力，不要燒焦了 ⓔ。

3 無鹽奶油放入作法2，稍微搖晃讓奶油融化 ⓕ。將水與百香果汁一起倒入焦糖中 ⓖ，要小心熱糖水會噴濺！煮到糖完全融化就完成了。

這是本書少數一人獨享的菜色，
但是這麼晶瑩剔透的甜點，我真的很難把它做得很大份。

薄荷風味莓果杯

可用的低溫烹調方式

低溫烹調機	○
水波爐或蒸爐	○
瓦斯爐	○
傳統烤箱	×
電子鍋	×
大同電鍋	×
保溫容器	○

🌡 65℃

🕐 45～60分鐘

材料

草莓 150g

藍莓 100g

鳳梨 150g

薄荷 2束

紅酒莓果澄清汁

草莓 200g

藍莓 150g

覆盆子 150g

檸檬汁 20ml

薄荷 3束

白糖 80g

紅酒 60ml

⊗ tips

● 紅酒莓果澄清汁的莓果材料可
依季節調整，也可用冷凍品，
只要重量正確即可。至於杯子
裡的材料也可自行調整，只要
顏色誘人就成功一半了！

● 做完澄清汁的水果，雖然顏色
不好看了，但也很好吃喔！

作法

1 草莓與鳳梨切成1公分見方小丁；藍莓對半切；薄荷切碎 ⓐ。

2 把所有材料放進鋼盆後輕輕混合 ⓑ，再均分於容器中。

3 上桌前倒入紅酒莓果澄清汁即可 ⓒ。

紅酒莓果澄清汁

1 把所有材料放進密封袋 ⓓ，排出多餘的空氣後密封。

2 用低溫烹調機以65℃烹調45～60分鐘，完成後連同真空袋立刻
放入冰水冷卻，再放進冰箱保存1～2天。

3 用很細的篩網或棉布濾出紅酒莓果澄清汁 ⓔ，切記不要壓以免
湯汁變混濁。過濾出來的澄清汁冷藏備用。

【附錄】 常見食材比熱表

名稱	比熱	名稱	比熱	名稱	比熱
蘋果	0.87	大蒜	0.79	豬肋排	0.62
蘆筍	0.94	胗	0.78	馬鈴薯	0.82
梭子魚	0.8	鵝、鴨	0.61	南瓜	0.92
鱸魚	0.82	比目魚	0.8	兔肉	0.76
牛腩、牛小排、牛嫩肩	0.56	腰子	0.81	白蘿蔔	0.95
牛菲力	0.66	白腰豆	0.28	鮭魚	0.71
牛肋眼	0.67	羔羊腿	0.71	沙丁魚	0.77
牛腿	0.74	羔羊菲力	0.61	蝦	0.83
牛腱	0.76	羔羊肩	0.67	鱒魚	0.83
鯧魚	0.77	肥肉	0.54	甘藷	0.75
包心菜	0.94	龍蝦	0.82	旗魚	0.8
紅蘿蔔	0.91	螯蝦	0.86	番茄	0.95
白花椰菜	0.93	洋蔥	0.9	鱒魚	0.82
西洋芹	0.94	柳橙	0.9	鮪魚	0.76
肉雞	0.77	白桃	0.89	火雞	0.67
老母雞	0.65	柿子	0.72	小牛腹肉	0.65
鱈魚	0.86	鳳梨	0.82	小牛里肌	0.75
黃瓜	0.98	豬五花	0.36	小牛肋眼	0.73
鰻魚	0.77	豬腿	0.62	小牛肩肉	0.77
雞蛋	0.76	豬里肌	0.66		
青蛙腿	0.88	豬梅花	0.59		

低烹 SOUS VIDE 慢煮

60道完美易學的低溫烹調食譜
家庭廚房也能端出專業水準的Sous Vide料理

作　　　者／蘇彥彰
攝　　　影／張詣

總　編　輯／王秀婷
主　　　編／洪淑暖
版　　　權／徐昉驊
行 銷 業 務／黃明雪

發　行　人／涂玉雲
出　　　版／積木文化
　　　　　　104台北市民生東路二段141號5樓
　　　　　　官方部落格：http://cubepress.com.tw/
　　　　　　電話：(02) 2500-7696　　傳真：(02) 2500-1953
　　　　　　讀者服務信箱：service_cube@hmg.com.tw

發　　　行／英屬蓋曼群島商家庭傳媒股份有限公司城邦分公司
　　　　　　台北市民生東路二段141號11樓
　　　　　　讀者服務專線：(02)25007718-9　24小時傳真專線：(02)25001990-1
　　　　　　服務時間：週一至週五上午09:30-12:00、下午13:30-17:00
　　　　　　郵撥：19863813　戶名：書虫股份有限公司
　　　　　　網站：城邦讀書花園　網址：www.cite.com.tw

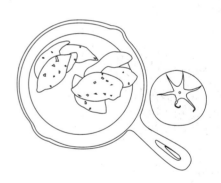

香港發行所／城邦（香港）出版集團有限公司
　　　　　　香港灣仔駱克道193號東超商業中心1樓
　　　　　　電話：852-25086231　　傳真：852-25789337
　　　　　　電子信箱：hkcite@biznetvigator.com

馬新發行所／城邦（馬新）出版集團
　　　　　　Cite (M) Sdn Bhd
　　　　　　41, Jalan Radin Anum, Bandar Baru Sri Petaling,
　　　　　　57000 Kuala Lumpur, Malaysia.
　　　　　　電話：603-90578822　　傳真：603-90576622
　　　　　　email: cite@cite.com.my

設計／曲文瑩
製版印刷／上晴彩色印刷製版有限公司

城邦讀書花園
www.cite.com.tw

Printed in Taiwan.

2017年6月27日 初版一刷
2022年9月15日 初版十二刷
售價／550元
ISBN 978-986-459-100-8【紙本／電子書】

國家圖書館出版品預行編目（CIP）資料

低烹慢煮：60道完美易學的低溫烹調食
譜，家庭廚房也能端出專業水準的Sous
Vide料理／蘇彥彰著. -- 初版. -- 臺北
市：積木文化出版：家庭傳媒城邦分公司
發行，2017.06
168面；19×24公分
ISBN 978-986-459-100-8(平裝)

1.食譜

427.1　　　　　　　　　　106008974